"十三五"国家重点出版物出版规划项目

全球海洋与极地治理研究丛书

U0175871

南极洲高分辨率
遥感制图研究

惠凤鸣　程晓　刘岩　康婧　李新情　等　著

海洋出版社

2021年·北京

图书在版编目 (CIP) 数据

南极洲高分辨率遥感制图研究 / 惠凤鸣等著 . — 北京 : 海洋出版社 , 2020.11
ISBN 978-7-5210-0686-5

Ⅰ . ①南… Ⅱ . ①惠… Ⅲ . ①南极—遥感技术—制图—研究 Ⅳ . ① P941.61

中国版本图书馆 CIP 数据核字 (2020) 第 229458 号

审图号：GS（2020）7374 号

南极洲高分辨率遥感制图研究

NANJIZHOU GAOFENBIANLÜ YAOGAN ZHITU YANJIU

丛书策划：杨传霞
责任编辑：杨传霞　程净净
责任印制：赵麟苏

海洋出版社 出版发行

http://www.oceanpress.com.cn
北京市海淀区大慧寺路 8 号　　邮编：100081
中煤（北京）印务有限公司印制　　新华书店北京发行所经销
2020 年 11 月第 1 版　　2021 年 3 月第 1 次印刷
开本：787mm×1092mm　　1 ／ 16　　印张：10.25
字数：200 千字　　定价：168.00 元

发行部：62132549　　邮购部：68038093
海洋版图书印、装错误可随时退换

前　言

南极洲位于地球最南端，是地球七大洲中最晚被发现的一个大洲，也是当前唯一未被开发利用的大洲。南极洲由大陆、陆缘冰和岛屿组成，总面积近 $1\,400 \times 10^4\ km^2$，是我国陆地国土面积的 1.45 倍。南极洲 98% 的区域终年被冰雪覆盖，冰盖平均厚度 $2\,450\ m$，最大厚度可达 $4\,750\ m$，总冰量约 $2\,325 \times 10^4\ km^3$。南极冰盖占世界陆地冰量的 90%，淡水储量的 70%，完全融化可导致全球平均海平面上升约 58 m。南极洲独特的地理、海洋、气候和生态条件为人类认识地球演变历史和趋势提供了理想场所。同时，南极在全球气候变化中扮演着重要角色，其巨大的冷储、相变潜热和淡水储存使其成为全球气候变化研究中最受关注的研究对象之一。更好地认识南极、保护南极和利用南极意义重大，关系人类未来发展。

南极洲幅员辽阔、自然环境恶劣，远离其他大陆，后勤保障困难，传统的现场测量方法难以实现快速、全面、精确的制图。基于遥感技术的南极洲制图是快速、全面地获取整个南极洲信息的有效手段，制图成果可广泛地应用于全球变化研究，如冰架崩解、冰山监测、物质平衡等，帮助人们更加深入地认识和了解南极变化过程。卫星遥感技术的发展，使人类在 1987 年首次获取了全南极的影像，全南极遥感制图的序幕由此拉开。迄今为止，国际上利用多源遥感数据已经进行了数次南极地区遥感制图工作，获取了不同时空分辨率的南极制图产品，并在此基础上生产了大量的遥感数据衍生产品，为南极科学考察和研究提供了重要的数据支撑。

在国家 863 计划的支持下，我国科研工作者使用 1 000 余幅美国陆地卫星 Landsat-7 ETM+ 影像，完成了我国首个南极洲 15 m 分辨率卫星遥感制图，这是当时国际上分辨率最高的南极洲遥感影像图。在此基础上，建立了南极洲地区地表覆盖分类体系，开展了全南极地表覆盖制图，精确统计了南极洲粒雪、蓝冰和裸岩大类地物的空间分布及变化信息，对南极洲边缘地区覆盖变化较快的地表类型进行精确的变化监测。此后，我国科研人员继续使用多种卫星遥感数据监测南极冰架崩解活动，解译南极洲海岸线数据，完成南极洲蓝冰和裸岩的提取与制图工作，为我国南极科学考察研究和参与南极治理提供了重要的科学支撑，进一步提升了我国在南极研究中的国际影响力和话语权。

国际上已有多部极地遥感相关的著作，但很少专注于南极遥感制图，我们团队在科技部和自然科学基金委的支持下，多年坚持从事南极遥感制图研究，本书系统整理了近 10 年我们在南极制图方面取得的重要进展和成果，详细介绍了南极洲制图历史、极地卫星、遥感制图基本理论、原理和方法等。本书在撰写过程中，部分内容作为教案连续 6 年用于研究生课程教学，取得了良好的效果。因此，本书可以作为极地遥感研究生学习的重要参考教材。

全书共有 7 章，包括三大部分内容。第一部分（第 1 ~ 2 章）：南极制图概况和遥感基础，详细阐述了南极制图历史和现状，介绍了用于南极制图的高分辨率卫星。第二部分（第 3 ~ 6 章）：南极遥感制图，包括中国开展的南极洲 ETM+ 高分辨率遥感影像制图、南极洲蓝冰制图、南极洲裸岩制图和南极洲地表覆盖制图。第三部分（第 7 章）：极地遥感制图展望。

本书偏重于极地遥感方向，主要介绍和论述南极洲卫星遥感制图的背景、基础知识、南极洲地表覆盖分类体系和遥感制图研究方法，对近 10 年来作者们积累的创新性南极制图成果做了较详细的介绍。为了方便读者的阅读和理解，书中附有大量的图表。本书最后亦附有大量的中外文献目录，便于读者深入研究。科学的发展日新月异，本书从构思到完成，从编辑到出版，经历 3 年多的时间，国际上新卫星又有发射，新的研究层出不穷。因此，请读者在阅读本书时注重极地遥感制图的理论与方法，同时要关注国际上最新的遥感进展。书中难免有不妥之处，请读者谅解。

本书的编写分工为：第 1 章李新情、程晓、惠凤鸣；第 2 章刘岩、李新情、程晓；第 3 章惠凤鸣、程晓、刘岩；第 4 章惠凤鸣、程晓、刘岩；第 5 章康婧、程晓、惠凤鸣；第 6 章惠凤鸣、程晓、刘岩；第 7 章程晓、惠凤鸣。

本书编写和出版过程中，得到了国家海洋局极地考察办公室、中国极地研究中心、中国测绘科学研究院等机构的高度重视与大力支持。本书得以顺利出版也离不开徐冠华院士、宫鹏教授的悉心指导以及王坤、张彦南等人员的积极帮助和密切配合。承他们提出许多宝贵的意见，在此一并表示由衷的感谢。

本书得到了南方海洋科学与工程广东省实验室（珠海）极地海洋与气候变化创新团队建设项目（311020007）、国家自然科学基金重点项目（41830536）和国家"863计划"（2008AA09Z117）的资助，特致谢忱！

由于作者水平有限，书中不足之处恳请批评指正。

著　者

2020 年 8 月 20 日

目　录

第1章
南极制图概况

1.1 南极制图历史

1.1.1 未知的"南方大陆"

未知的"南方大陆"（拉丁语：Terra Australis Incognita）是 15—18 世纪时，欧洲地图上出现的假想大陆。明代《坤舆万国全图》（图 1.1）将连成一体的南极洲和澳大利亚标为墨瓦蜡泥加（拉丁语：Magallanica / Magellanica，意为"麦哲伦洲"）。

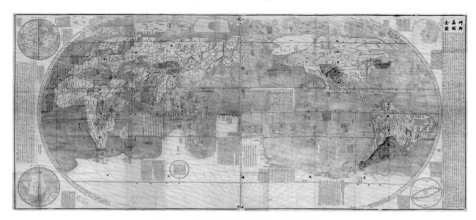

图1.1 坤舆万国全图（明代绘制）

未知的"南方大陆"这一想法最初是由亚里士多德（Aristotle）提出来的，这个观念后来由托勒密（Ptolemy）进一步扩展，他相信印度洋就位于"南方大陆"的附近，因为只有这样才能与北半球的大陆达成平衡[1]。事实上，早在 5 世纪，马克罗比乌斯（Macrobius）就已经在地图上记录下了这个平衡大陆的理论，并在该地图上使用了"Australis"一词。

自 15 世纪末开始，"探索时代"的探险者们证实：非洲几乎完全被海洋包围，可以从西部和东部进入印度洋，因而未被发现的新大陆的范围正在逐渐减小。许多制图师对亚里士多德的看法持赞成态度，例如，杰拉杜斯·墨卡托（Geraldus Mercator）[2]与亚历山大·达尔林普尔（Alexander Dalrymple）[1]。依照亚里士多德的观点，南方应该存在一个大陆作为与北半球已知土地的平衡。因而，当发现新的陆地时，它们即被认为是假想大陆的一部分。

1515 年，德国天文学、数学家约翰内斯·舒纳（Johannes Schöner）根据马丁·瓦尔德泽米勒（Martin Waldseemüller）及其同事在 1507 年制作的世界地图和地球仪，创制了一台新的地球仪。与马丁·瓦尔德泽米勒所制作的地球仪明显不同的是，约翰内斯·舒纳将地球仪上的"南方大陆"称为"Brasilie Regio"。

约翰内斯·舒纳的追随者们，包括法国天文学家奥文斯·菲内（Oronce Finé）、法兰德斯地图制图师杰拉杜斯·墨卡托，以及亚伯拉罕·奥特柳斯（Abraham Ortelius）等在其所绘制的世界地图上均采用了他的概念，这一概念深刻影响了迪耶普地图制图学派，尤其以大爪哇岛为代表[3]。

在 16 世纪中叶的迪耶普地图上，"南方大陆"的海岸线被描绘在东印度的南方。当时的诺曼底与布列塔尼商人对"南方大陆"表现出了强烈的兴趣，弗朗西斯克（Francisque）与安德烈·阿尔拜涅（Andre Albayne）分别于 1566 年与 1570 年向法国海军上将加斯帕尔·德科利尼（Gaspard de Coligny）递呈了与"南方大陆"建立联系的计划。

墨卡托在《地图集或宇宙学研究（五卷本）》（*Atlas or Cosmographic Studies in Five Books*）中提出：从宇宙学论证的角度出发，可以证实存在着一个面积广大的"南方大陆"。瓦尔特·吉姆（Walter Ghim）曾说，尽管墨卡托知道"南方大陆"尚处于未知的状态，但他仍然相信可以通过对论据的理论分析来证明它的几何比例、面积大小乃至重量[4]。

1657 年,约翰内斯·扬松纽斯（Johannes Janssonius）在其绘制的地图中描绘了"南方大陆"的大致位置（图 1.2），这幅地图底部为不完全的新西兰与澳大利亚，中央为未明确海岸线的南极地区。

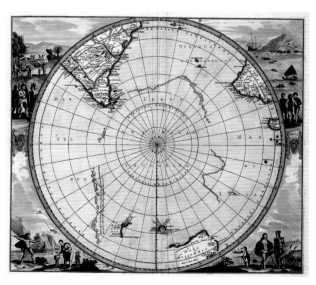

图1.2　1657年约翰内斯·扬松纽斯绘制的"南方大陆"位置

引自维基百科

1675 年，英国商人罗奇（Anthony de la Roché）到达了南乔治亚群岛，这是人类历史上首次发现南极辐合带以南的陆地。在这次旅程结束后不久，制图师开始在地图上绘制"罗奇岛"（Roché Island）以表彰这位发现者。

1739 年 1 月 1 日，法国航海家让 – 巴蒂斯特·夏尔·布韦（Jean–Baptiste Charles Bouvet de Lozier）发现布韦岛，并宣布发现了多处冰山的存在。

1772—1775 年间，J. 库克（James Cook）开始了对南方大陆的探索。1773 年 1 月 17 日，库克的船队完成了人类历史上首次对南极圈的跨越，1777 年，库克绘制了南乔治亚地区的地图（图 1.3）。而 60°S 以南的第一块土地——利文斯顿岛（Livingston Island），则是在 1819 年 2 月 19 日由英国人 W. 史密斯（William Smith）发现的。

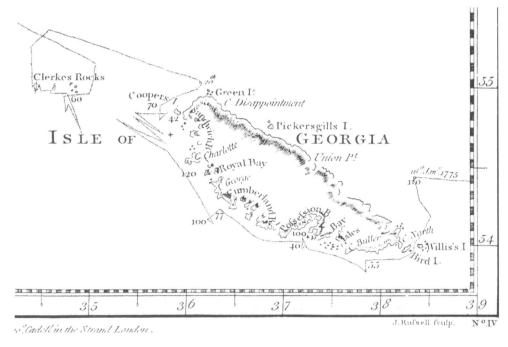

图1.3　1777年库克绘制的以南为上的南乔治亚地区地图（位于南极圈以内）

引自维基百科

1.1.2　发现南极大陆后的初期制图

1820 年，人类首次发现了南极大陆。而迄今为止，南极洲的首位发现者仍然难以确定。但可以肯定的是，首位发现者为以下 3 人中的一个，他们先后看到了南极冰架或者南极大陆。这 3 人是：英国皇家海军船长 E. 布兰斯费尔德（Edward Bransfield），俄罗斯帝国海军船长 F. G. V. 别林斯高晋（Fabian Gottlieb von Bellingshausen）和美国海豹捕猎者那萨尼尔·帕尔默（Nathaniel Palmer）。根据记载，1820 年 1 月 28 日，别林斯高晋和 M. 拉扎列夫（Mikhail Lazarev）所领导的船队到达了距离玛塔公主海岸（Princess Martha Coast）32 km 的地方，并记录下了 69°21′28″S，2°14′50″W 处的芬布尔冰架（Fimbul Ice Shelf）；1820 年 1 月 30 日，E. 布兰斯费尔德看到了南极大陆最北端的特里尼蒂半岛（Trinity Peninsula）；1820 年 11 月，帕尔默在特里尼蒂半岛以南的海域看到了南极大陆。此外，别林斯高晋的探险队还发现了彼得一世岛（Peter I Island）和亚历山大一世岛（Alexander I Island），这也是人类首次发现南极圈以南的岛屿。

　　由此，地图制图者制作了一系列的南极地图[5]（图 1.4）。

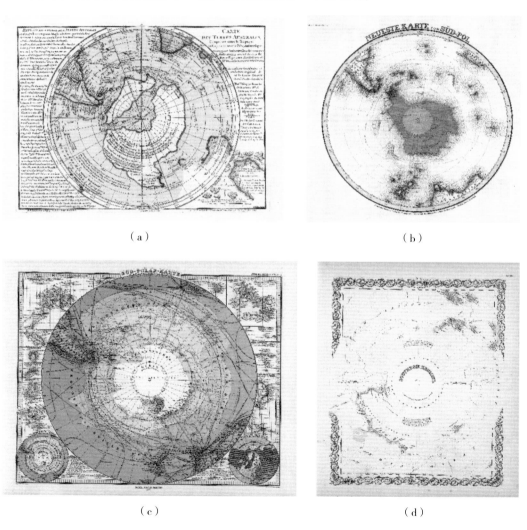

（a）　　　　　　　　　　　　　　（b）

（c）　　　　　　　　　　　　　　（d）

图1.4　历史上不同时期绘制的南极地图

1.1.3 遥感时代的南极制图

1.1.3.1 航空遥感制图

因为极端的环境，南极被证明是地球上最具飞行挑战的地方。

南极洲首次飞行使用的航空器是在 British Discovery 探险中由 R. F. 斯科特（Robert Falcon Scott）制造的氢气球 Eva。1902 年 2 月 4 日，斯科特抵达了海拔 250 m 的罗斯冰障，由 Eva 获取的第一张照片使得人们可以一睹南极地平线上的风光[6]。斯科特的同事 E. 沙克尔顿（Ernest Shackleton）也参与其中并拍摄了部分南极照片，这些照片也是南极洲最早的照片[7]。

1946 年，美国海军在"高空降落"行动（Operation Highjump）中共设计了 60 条航线，总共获得 7 万多张航空像片，但是由于没有足够的地面控制点，像片数据质量并不令人满意。随后，1947 年再次进行了名为"风车"（Operation Windmill）的行动，这次行动的主要目的是确保在"高空降落"任务中获得足够的航空像片控制点以用于后期使用（图 1.5）。1955 年，为响应 1957—1958 年的国际地球物理年，美国海军奉命支持美国科学家开展了第一次"深冻行动"（Operation Deep Freeze），这为 1957 年地球科学研究（包括南极洲的科学研究）在国际上的普及打下了基础。1946 年以来，美国海军获取了超过 33 万幅南极航空摄影影像。从 1980 年起，美国国家海事局每年都会从美国海军处获取南极洲航空摄影影像[8-9]。

图1.5　南极洲内尼岛及右侧两座无名山峰

　　在美国国家科学基金的资助下，波特兰州立大学的首席研究员 A. 方丹（Andrew Fountain）领导了一项旨在对南极麦克默多干谷进行高分辨率激光雷达（Light Detection and Ranging，LiDAR）和航空摄影测量观测的任务（图 1.6），这项任务从 2014 年的 12 月一直持续到 2015 年 1 月[10]。

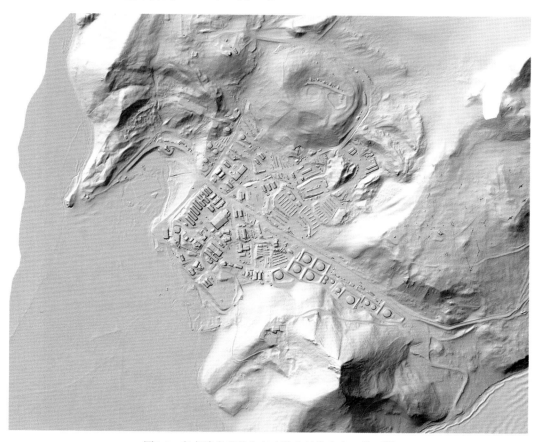

图1.6　麦克默多干谷和麦克默多站数字表面模型[11]

1.1.3.2　航天遥感制图

　　自遥感卫星上天以来，在过去的 40 余年间，遥感已经成为南极观测的重要手段。地球观测卫星绕地球飞行，在不同电磁波谱的不同波段进行拍照成像，光谱波段覆盖从可见光波段到热红外波段，此外还有工作于微波波段的传感器。通过这些卫星，可以运用航天遥感的手段定期对南极，以及南极冰川的表面高度、流动速度、面积、长度、平衡线、前端位置进行观测。

　　由于可见光波段的卫星影像可以提供冰川、冰架和海冰的局部细节信息（图 1.7），

ASTER 卫星和 Landsat 卫星影像经常被用于南极洲的冰川及冰架结构的研究。而且，这些卫星还会得到随着时间变化的长时间序列影像。例如，Glasser 和 Scambos 就利用光学卫星（ASTER 和 Landsat-7）影像绘制了 2002 年拉森 B 冰架崩塌过程中冰结构的具体变化过程[12]。

图1.7　ASTER卫星于2009年3月3日获得的詹姆斯罗斯群岛影像

　　古斯塔夫王子冰架（Prince Gustav Ice Shelf）的情况与此类似，冰架裂缝带成为脆弱区，从而导致了 1995 年冰架崩塌的发生[13]。Landsat 影像显示，这些冰架之间形成了明显的裂隙，冰雪融水通过这些缝隙向下渗透进而导致了冰架的崩解及冰山的生成。汤姆·霍尔特（T. Holt）等[14]还利用 Landsat 影像绘制出了南极西半部半岛冰架的表面特征，包括冰面、接地区域、纵向表面结构（流动条纹）、压力脊、裂隙、裂缝和表面冰雪融水等地貌特征图[15]（图 1.8）。这些数据不仅对我们了解冰架结构具有重要意义，也有助于评估其未来对于气候变化的响应及增加对冰架脆弱性的认识。

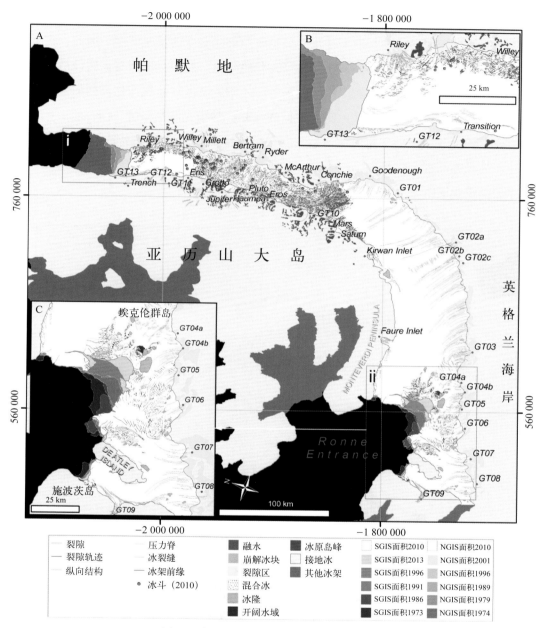

图1.8　南极半岛乔治六世冰架的冰川结构[15]

　　可见光卫星可以进行长时间观测，因此卫星遥感可以为冰川退缩的制图提供相应的数据源。根据这些卫星数据，进行 40 年的区域性冰川衰退研究变得十分容易[16]，Landsat 卫星与 ASTER 卫星的影像数据均可以用于这类研究。

南极洲高分辨率遥感制图研究

　　尽管冰川消退制图是十分重要的，但仅仅对冰川的形态进行制图还是远远不够的。因为冰川前端位置可能不会发生变化，但厚度却可能会变薄甚至下沉。因此，需要利用两个不同时期的数字高程模型获取冰川高程的变化。然而，也只有在假设地表高程的变化大于数字高程模型中的误差的前提下，才能满足进行高程变化监测的要求。霍尔特等[14]利用2003—2006年ICESat卫星的地球科学激光测高系统（Geoscience Laser Altimeter System，GLAS）重复测量数据获得了南极半岛乔治六世冰架（George Ⅵ Ice Shelf）的表面高程变化情况（图1.9），发现在冰架南部存在显著的冰架变薄情况，并且冰架前端衰退明显。

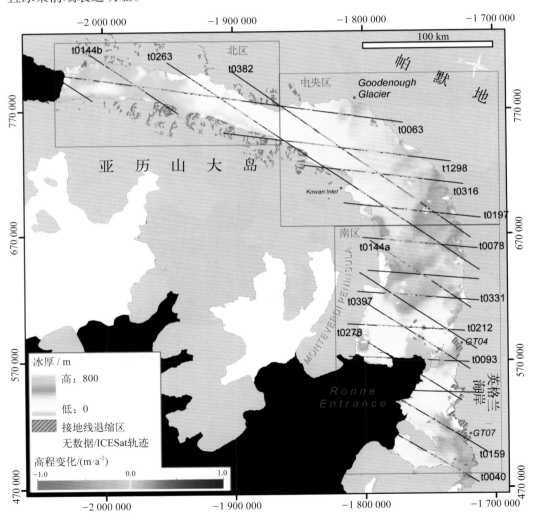

图1.9　南极半岛乔治六世冰架厚度及高程变化

在南极大陆,松岛冰川(Pine Island Glacier)和南极半岛周围的冰流正在逐渐加速,与此同时,这些区域的冰川也在加速变薄。毫无疑问,这种"动态变薄"是冰盖快速流动的结果。高分辨率的 ICESat 数据集能够对南极半岛复杂地形上小型冰川的冰流变化进行测量。南极接地线上的冰架自崩解后已经存在了几十年,由于海洋洋流比冰川底部海冰的温度高,因而冰架融化逐渐变薄(图 1.10)。

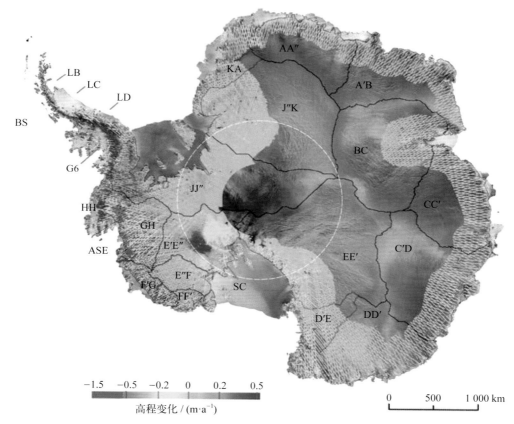

高程变化 / (m·a⁻¹)

-1.5 -0.5 -0.2 0 0.2 0.5

0   500   1 000 km

高程变化 / (m·a⁻¹)

图1.10 南极洲的ICESat数据(激光测高)的地表高程变化率[17]

ICESat 卫星还被用于南极冰架周围的冰架变薄和底部消融等情况的计算中。Pritchard 等使用卫星激光测高和表面建模的方式来研究南极洲附近冰架的变薄情况 [17](图 1.11)。根据研究,底部消融是南极冰层流失的主要影响因素,正因为较薄的冰架无法继续支撑冰架的稳定,才导致了冰流速度的加快。据此,研究者在西南极的松岛冰川附近发现了南极洲最高的温度效应和最高的融化速率。

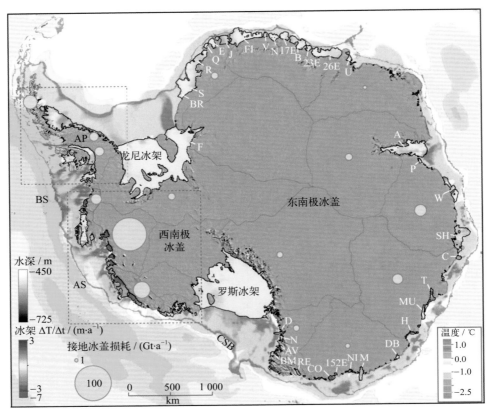

图1.11 ICESat卫星观测南极冰架厚度

冰川和冰流速度变化制图是南极冰川遥感的两个重点应用领域。在具体的制图上，存在着两种方法：第一种，基于一个地区不同时相的光学卫星影像，利用图像处理算法（如特征追踪）计算冰面上的特征已经移动的距离（图1.12）；第二种，基于合成孔径雷达干涉测量（InSAR）来计算冰川移动的速度。霍尔特将雷达影像与光学特征追踪技术相结合以查验乔治六世冰架对环境变化的响应[14]。通过分析表明，冰架正朝向其前端的南部和北部加速流动。

E. 里格诺特（Eric Rignot）利用大量的 InSAR 流速数据制作了一幅高分辨率的南极冰流速图，根据该图发现，南极冰流速呈现普遍上升的趋势，冰川的支流正逐步扩散到冰盖内部（图1.13）。

此外，遥感数据还可以用于南极冰盖上层积雪覆盖制图中。积雪制图对于了解冰川乃至南极的质量平衡，以及南极的常年积雪状况、南极资源等都具有重要意义。科学家通过算法来区分不同反射率的地貌（如粒雪、融水等），这为广泛且快速地绘制积雪的变化提供了有效手段。

合制作了 Landsat 卫星南极影像镶嵌图（Landsat Image Mosaic of Antarctica，LIMA，图
1.17），是同期地理位置最精确、色彩最真实和分辨率最高的南极镶嵌图（82.5°S 以南
无数据覆盖）[26]，南极冰架冰盖、冰流、山峰等表面上的细节特征都可以很好地通过
这些镶嵌图获取。Schwaller 等利用 Landsat 数据研究南极阿德雷企鹅聚居地分布图 [27]。
此外，还有一些其他遥感数据应用于南极洲局部制图的工作，主要有 Radarsat−2 SAR（图
1.18）[28]、ALOS−PALSAR[29−31]、ENVISAT−ASAR[30−31] 等。

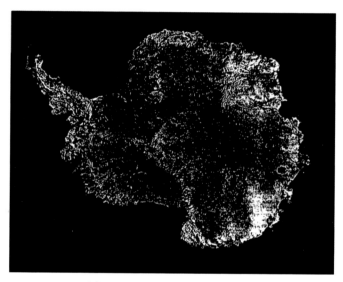

图1.14　1987年南极洲影像镶嵌图

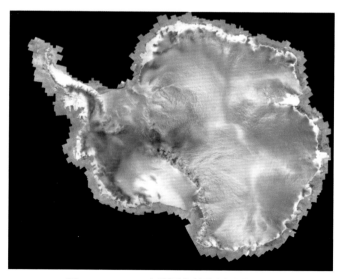

图1.15　AMM−1 辐射平衡镶嵌图（取log）

南极洲高分辨率遥感制图研究

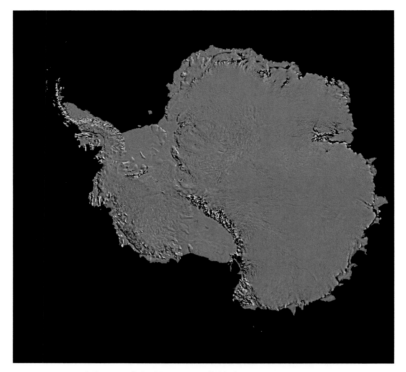

图1.16　南极洲MODIS影像镶嵌图（MOA2004）

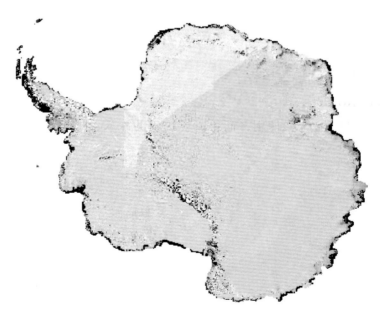

图1.17　南极洲Landsat卫星南极影像镶嵌图（LIMA）[32]

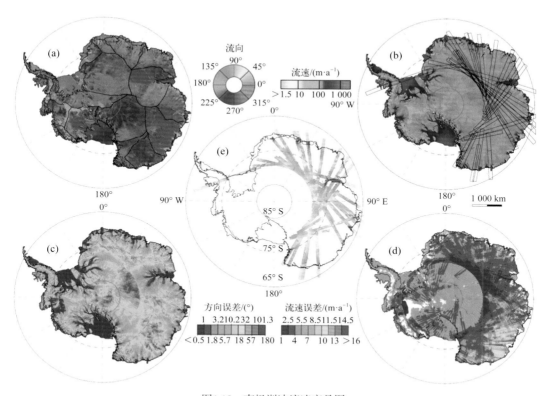

图1.18　南极洲冰流速产品图

（a）国际极地年（IPY）绘制的冰流方向图，黑线表示主要的地形分区；（b）南极冰流速图；（c）冰流速方向误差图；（d）冰流速误差图；（e）用于定标的ENVISAT轨道位置参考图，轨迹线在（b）图中也进行了显示

随着卫星遥感技术的不断进步，人们对于这些基础数据产品提出了更多需求和改进空间。例如，NOAA–AVHRR 影像为彩色，但分辨率过低；MODIS 和 SAR 影像均为黑白的，不利于非专业人员使用，而且所能提供的深入信息量较为有限；LIMA 目前只做了 4 个波段，未对 ETM+ 的第 5 波段和第 7 波段进行拼接处理，第 5 波段中心波长为 1.65 μm，可以很好地识别云，第 7 波段中心波长为 2.21 μm，对于岩石岩性识别效果非常好[33]；数据处理过程还有进一步完善的空间等。南极研究科学委员会（Scientific Committee on Antarctic Research，SCAR，http:// www.scar.org/ ）的南极数据中心（Antarctic Digital Database，ADD，http:// www.add.scar.org/ ）数据丰富、来源广泛，一直进行着不断地维护和数据更新与验证。我国科学家在 LIMA 基础上进行方法改进，对 1 080 景 Landsat ETM+ 卫星影像，采用影像融合技术，得到了全南极 15 m 分辨率的多种彩色影像镶嵌图（82.5°—90°S 卫星覆盖不到的地区用 MOA 数据填补）[34]；此

外，还在此基础上进行地表覆盖的分类提取，得到南极洲地表覆盖图，建立了南极地表覆盖基础数据库[35]；同时，利用 ENVISAT ASAR 数据对南极冰架崩解活动进行了监测[36]，并解译了 2008 年与 2009 年两期南极洲海岸线数据；利用 Landsat-7 ETM+和 MODIS 数据完成了全南极蓝冰提取与制图工作[37]；在利用星载微波遥感数据监测冰雪方面，利用 InSAR 数据获取了格罗夫山地区的复杂冰流速场，利用微波散射计和辐射计开展了南极洲关键地区的连续变化探测工作。我国的 HY-1、北京 1 号、中巴资源卫星等都在极区开展了卫星影像获取实验，取得了第一手资料[38]。随着卫星遥感技术的飞速发展，多种遥感卫星传感器数据极大地满足了极地研究的需要，持续卫星计划保证了数据的连续性。

地表覆盖影响地表的物质和能量循环过程，其变化综合反映了人类活动和气候变化对自然环境的影响，并对社会经济和未来气候具有明显的反馈作用。地表覆盖及其动态是全球变化与地球系统研究的基础数据之一，国际社会对其高度重视，利用遥感数据生成了一些全球地表覆盖产品，但是这些产品主要集中在陆地区域，旨在指导资源管理、生态保护等工作。在南极尚未有完整统一的地表覆盖数据，ADD 有一些地表覆盖数据，这些数据是通过南极考察和不同精度的遥感数据解译获取的，但没有统一完整的分类标准和体系。为推动我国地球系统模式的发展和深入开展全球变化的研究，发展统一标准的分类体系，利用高分辨率遥感数据解译获取南极的地表覆盖数据，形成全球遥感数据产品的技术能力等，已经成为我国南极科学工作者的重要使命。

南极一直是全球环境变化最佳映射区的重要部分，面对日益发展与丰富的遥感数据，极地研究人员不仅需要明确研究目标，还要知道如何识别和选取适合其研究的数据源或产品，并进行合理地应用。

第 2 章
高分辨率南极制图
卫星介绍

对于极地与冰冻圈研究而言，地球观测与卫星遥感是极为重要的手段，它可以使研究人员花费最小的代价，实现宏观尺度上快速且频繁地观测。最近的研究结果清晰地表明地球观测的重要价值，通过对冰川的分布范围及变化趋势、冰盖的变化、海冰范围、积雪覆盖的范围、雪水当量、海洋环流、极地环境等的研究，可以清晰地发现其对企鹅数量的影响。然而，由于价格的因素，许多产品和数据源使用范围极为有限。通过政府提供遥感数据的方式，数据的获取流程获得最大限度地简化。以 Landsat 卫星为例，新的数据政策已经彻底改变了其数据的使用。最近几十年中，不同国家相继发射了用于极地观测的多颗卫星，本章总体分为在轨卫星及传感器、历史卫星及传感器两部分，具体又分为可见光卫星及传感器、合成孔径雷达（SAR）卫星及传感器、测高卫星等部分进行介绍。

2.1 在轨卫星及传感器介绍

2.1.1 在轨可见光卫星及传感器介绍

多光谱影像在极地以及冰冻圈的研究中具有巨大的应用价值，搭载有多光谱传感器的卫星均可为极地研究提供相应的服务（图 2.1）。

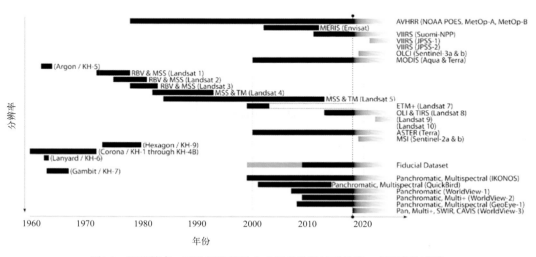

图2.1 服役结束、正处服役期及未来即将发射的可见光、多光谱传感器

2.1.1.1　Landsat 系列卫星

1999 年 4 月 15 日，Landsat-7 卫星在美国加州范登堡空军基地成功发射，卫星上搭载的增强型专题制图仪（Enhanced Thematic Mapper，ETM+）传感器的性能相比于 Landsat-4 与 Landsat-5 卫星有所提升。Landsat-7 卫星携带有 ETM+，未携带多光谱扫描仪（Multispectral Scanner，MSS）传感器。ETM+ 传感器有 6 个空间分辨率为 30 m 的可见光波段，1 个空间分辨率为 60 m 的热红外波段，以及 1 个空间分辨率为 15 m 的全色波段。2003 年，Landsat-7 卫星的线扫描校正器出现故障，导致一个世界参考系（World Reference System，WRS）中的空间覆盖区域急剧减小。

2013 年 2 月 11 日，Landsat-8 卫星成功发射，Landsat-8 卫星携带有陆地成像仪（Operational Land Imager，OLI）及两个热红外传感器（Thermal Infrared Sensor，TIRS）。OLI 包含 9 个光谱波段，TIRS 包含两个空间分辨率为 100 m 的热红外波段，即波段 10 与波段 11。与此前的 Landsat 系列卫星相比较，Landsat-8 卫星增加了进行水汽、气溶胶检测的海岸波段，以及用于进行云掩膜的卷云波段，即波段 1 与波段 9。相较于 Landsat-7 每天获取的 438 景数据，Landsat-8 卫星每天可以获取 550 景数据，其中 400 景数据会存入 USGS 中，毫无疑问，Landsat-8 获取全球陆地生物量的无云影像的能力更为强悍，表 2.1 列出了 Landsat-7 与 Landsat-8 卫星的基本参数[39]。

表 2.1　Landsat-7和Landsat-8卫星基本参数

	波段	波长 / μm	分辨率 / m	用途
Landsat-7 增强型专题制图仪（ETM+）	波段 1——蓝波段	0.45 ~ 0.515	30	水体测深制图、植被与土壤识别、落叶乔木和常绿乔木识别
	波段 2——绿波段	0.525 ~ 0.605	30	评估植被长势
	波段 3——红波段	0.63 ~ 0.69	30	判定植被的生长坡度
	波段 4——近红外波段	0.775 ~ 0.90	30	评估生物量及海岸线识别
	波段 5——短波红外波段 1	1.55 ~ 1.75	30	评估土壤湿度和植被含水量；消除薄云干扰
	波段 6——热红外波段	10.40 ~ 12.50	60[*1]（30）	热力学制图，评估土壤湿度
	波段 7——短波红外波段 2	2.08 ~ 2.35	30	识别矿床内因水热蚀变生成的矿石
	波段 8——全色波段	0.52 ~ 0.90	15	增强影像细节

续表

	波段	波长 / μm	分辨率 / m	用途
Landsat-8 陆地成像仪 （OLI）和 热红外传感器 （TIRS）	波段 1——海岸波段	0.433 ~ 0.453	30	海岸带以及气溶胶观测
	波段 2——蓝波段	0.450 ~ 0.515	30	水体测深制图、植被与土壤识别、落叶乔木和常绿乔木识别
	波段 3——绿波段	0.525 ~ 0.600	30	评估植被长势
	波段 4——红波段	0.630 ~ 0.680	30	判定植被的生长坡度
	波段 5——近红外波段	0.845 ~ 0.885	30	评估生物量以及海岸线识别
	波段 6——短波红外波段 1	1.560 ~ 1.660	30	评估土壤湿度和植被含水量；消除薄云干扰
	波段 7——短波红外波段 2	2.100 ~ 2.300	30	改善植被和土壤的湿度，消除薄云干扰
	波段 8——全色波段	0.500 ~ 0.680	15	增强影像细节
	波段 9——卷云波段	1.360 ~ 1.390	30	识别卷云，消除卷云对影像的干扰
	波段 10——热红外波段 1	10.6 ~ 11.2	100*[2]（30）	热红外制图，评估土壤湿度
	波段 11——热红外波段 2	11.5 ~ 12.5	100*[2]（30）	改善热红外制图精度，评估土壤湿度

*[1] ETM+ 传感器波段 6 获取的影像的原始分辨率为 60 m，产品制作时将分辨率重采样到 30 m。

*[2] TIRS 传感器获取的影像的原始分辨率为 100 m，产品制作时将分辨率重采样到 30 m。

Landsat-9 卫星原计划于 2020 年 12 月发射，卫星上将搭载两个仪器，包括陆地成像仪 OLI-2 及热红外传感器 TIRS-2，表2.2 中列出了传感器的具体参数[40]。

Landsat 系列卫星是最为人熟知、使用率最高的多光谱项目，自 1972 年发射第一颗 Landsat 卫星以来，到现在的 Landsat-8（第 6 颗发射失败），Landsat 系列卫星一直在运行，对全球开展连续观测，是全球冰川制图和监测的主要数据源[41]。虽然 Landsat 卫星最初是基于土地利用和自然资源应用而设计的，但毫不夸张地说，Landsat 影像可以应用于极地和冰冻圈的所有研究领域。世界冰川卫星图像地图集就是 Landsat 影像应用于极地的一个很好的实例[42]。Landsat 影像的最大优势在于卫星影像的存档时间序列很长，并一直处于不断地补充阶段。此外，为了确保不同卫星之间影像的辐射稳定性，数据处理人员做了大量的工作[43]（存档的影像与气象数据可以免费从 http://earthexplorer.usgs.gov 上获取）。

表 2.2　Landsat-9卫星基本参数

	波段	波长 / μm	分辨率 / m	用途
Landsat-9 陆地成像仪（OLI-2）和热红外传感器（TIRS-2）	波段 1——海岸波段	0.433 ~ 0.453	30	海岸带及气溶胶观测
	波段 2——蓝波段	0.450 ~ 0.515	30	水体测深制图、植被与土壤识别、落叶乔木和常绿乔木识别
	波段 3——绿波段	0.525 ~ 0.600	30	评估植被长势
	波段 4——红波段	0.640 ~ 0.670	30	判定植被的生长坡度
	波段 5——近红外波段	0.845 ~ 0.885	30	评估生物量及海岸线识别
	波段 6——短波红外波段 1	1.560 ~ 1.660	30	评估土壤湿度和植被含水量；消除薄云干扰
	波段 7——短波红外波段 2	2.100 ~ 2.300	30	改善植被和土壤的湿度，消除薄云干扰
	波段 8——全色波段	0.500 ~ 0.680	15	增强影像细节
	波段 9——卷云波段	1.360 ~ 1.390	30	识别卷云，消除卷云对影像的干扰
	波段 10——热红外波段 1	10.60 ~ 11.19	100	热红外制图，评估土壤湿度
	波段 11——热红外波段 2	11.50 ~ 12.50	100	改善热红外制图精度，评估土壤湿度

Landsat 卫星可以覆盖 82.5°S 以北的南极地区，获得符合人眼视觉的真彩色影像，因而有许多研究者开展了南极的相关制图工作。Robert Bindschadler 等 [26] 利用 1 100 景 Landsat-7 ETM+ 影像镶嵌图获得了南极洲（82.5°S 以南地区除外）的国际极地年基准数据集 LIMA（可以从网站 http://lima.usgs.gov/ 上免费获取）。

自 1972 年第一颗 Landsat 卫星成功发射以来，Landsat 系列卫星已经连续对地球开展了观测，收集了大量的数据。基于这些数据可以对南极洲进行长时间序列的变化监测，这对于研究南极的变化乃至于南极变化对全球气候变化的影响都具有重要的意义。

2.1.1.2　Sentinel-2 卫星

Sentinel-2 卫星由两颗相位差为 180° 的极轨卫星 Sentinel-2A 和 Sentinel-2B 组成，

两颗卫星分别于 2015 年 6 月 23 日和 2017 年 3 月 7 日发射升空，卫星运行于距离地面 786 km 的太阳同步轨道上，过境的地方时为 10∶30[44]。

Sentinel-2 卫星上搭载一台多光谱成像仪（Multispectral Instrument，MSI），采用推扫式的成像方式，可获取涵盖可见光、近红外、短波红外在内的 13 个波段影像，MSI 的刘幅宽度为 290 km，表 2.3 中列出了 Sentinel-2 卫星的光谱波段参数。

表 2.3　Sentinel-2 卫星（Sentinel-2A和Sentinel-2B）光谱波段参数[45]

传感器	波段	中心波长 / μm	分辨率 / m
多光谱成像仪（MSI）	波段 1——海岸气溶胶波段	0.443 9	60
	波段 2——蓝波段	0.496 6	10
	波段 3——绿波段	0.560 0	10
	波段 4——红波段	0.664 5	10
	波段 5——植被红边	0.703 9	20
	波段 6——植被红边	0.740 2	20
	波段 7——植被红边	0.782 5	20
	波段 8——近红外波段	0.835 1	10
	波段 8a——植被红边	0.864 8	20
	波段 9——水蒸气	0.945 0	60
	波段 10——短波红外波段（卷云）	1.373 5	60
	波段 11——短波红外波段	1.613 7	20
	波段 12——短波红外波段	2.202 4	20

Sentinel-2 的时间分辨率为 10 d（Sentinel-2A 与 Sentinel-2B 两颗卫星构成星座后为 5 d，在高纬度地区的分辨率更高），其幅宽为 290 km，可见光波段和短波红外波段的空间分辨率为 10 m 和 20 m。Sentinel-2 卫星在冰川遥感方面具有重大的应用潜力，特别适合对冰川轮廓与冰川状态进行测绘，同时适合冰流速的测量。Andreas Kääb 等[46] 基于 2016 年 1 月 8 日和 18 日的 Sentinel-2A 数据，发现南极半岛（拉森 C 冰架右侧）的冰流速加快（图 2.2）。

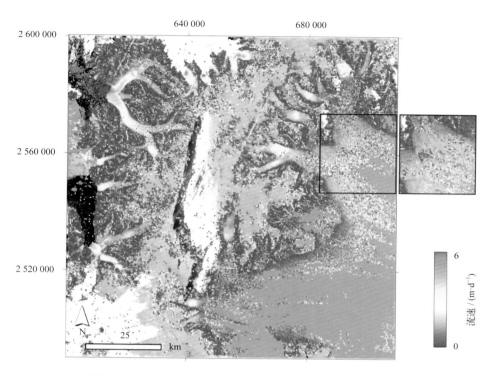

图2.2　2016年1月8日和18日的Sentinel–2A数据，显示南极半岛
（拉森 C 冰架右侧）部分的冰流速加快

2.1.2　在轨 SAR 卫星及传感器介绍

SAR 是利用雷达波束与地面作用后返回的回波信号生成图像的一种主动微波成像方式。因为 SAR 是一种主动微波系统，因而影像上表现为地物的雷达后向散射强度而不是光谱反射能量或者发射辐射，地物在影像上的表现与地表的粗糙程度有关。SAR 被广泛地应用于极地研究与极地监测，例如，冰山追踪、冰川与冰盖流速测量、海冰制图、湖冰制图等。与可见光遥感相比，SAR 具有的一大优势是可以穿透云层，在漫长的极夜时间段内也能成像。正因如此，极地地区一直采用 SAR 手段进行监测。

SAR 卫星的成功运行可以追溯至几十年以前，如欧空局及随后由加拿大和日本发射的一系列卫星（图 2.3）。早期 SAR 卫星的运行主要是得到政府基金及空间局直接或间接的资助，并由政府负责运行。SAR 卫星获取数据也主要是根据科学计划、国家监测需求，以及直接的商业 / 非商业需求来决定。这也经常导致卫星影像空间覆盖的不连续及不连贯 [47]。

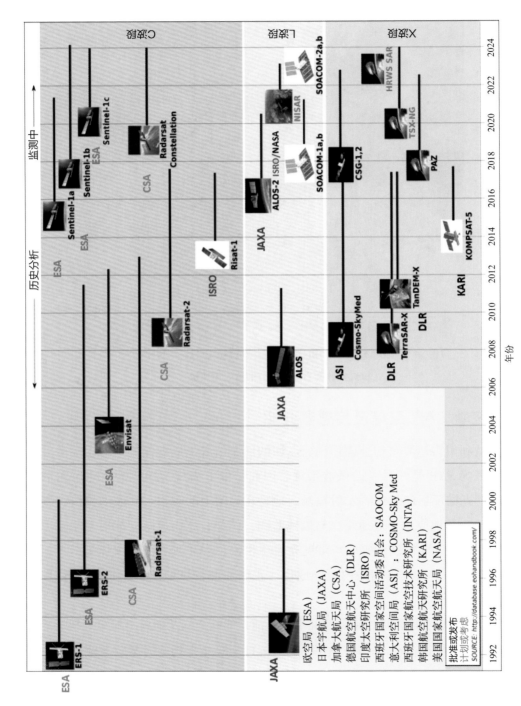

图2.3 历史、正在运行及未来即将发射的SAR传感器

2.1.2.1　TerraSAR-X 卫星

TerraSAR-X 卫星（也被称为 TSX 卫星）是德国为了进行科学研究与商业应用而发射的一颗 SAR 卫星。该卫星于 2007 年 6 月 15 日在哈萨克斯坦拜科努尔发射场成功发射，卫星运行于太阳同步轨道，轨道高度 514 km，轨道倾角 97.4°，搭载有 X 波段的合成孔径雷达，90% 以上的区域可以在 2 d 内重访，大多数地区可在 4.5 d 以内完成重访，设计寿命为 5 a。TSX-SAR 提供了聚束式、条带式及 ScanSAR 等多种影像产品，表 2.4 中列出了 TerraSAR-X 卫星的具体参数[48]。

表 2.4　TerraSAR-X卫星7种成像模式基本参数

成像模式	覆盖范围 （方位向 × 距离向）/ km	分辨率 / m
ScanSAR 宽幅模式（SCW）	（194 ~ 266）× 200	40
ScanSAR 模式（SC）	150 × 100	18
条带式（SM）	50 × 30	3
聚束式（SL）	10 × 10	1.7 ~ 3.5
高分辨率聚束式（HS）	5 × 10	1.4 ~ 3.5
300 MHz 高分辨率聚束式（HS 300）	5 ×（5 ~ 10）	1.1 ~ 1.8
Staring 聚束式（ST）	（2.5 ~ 2.8）×（~ 6）	0.24（方位向），1.0（距离向）

受全球变暖的影响，南极的冰架结构也随之不断变化，对冰架漂移速度以及变化状况进行制图，可以提高我们对冰力学和物理学的理解。识别冰架动态变化并对引起变化的原因进行分析是进行评估和验证的先决条件，这样可以更好地确定关键参数并改进对冰架稳定性的预测。南极洲 TerraSAR-X 任务以威尔金斯冰架（Wilkins Ice Shelf）、芬布森冰架（Fimbulisen Ice Shelf）、布伦特冰架（Brunt Ice Shelf）、斯坦科姆冰舌系统（Stancomb Ice Tongue System）、拉森 C 冰架（Larsen C Ice Shelf）、松岛冰架（Pine Island Ice Shelf）及思韦茨冰川（Thwaites Glacier）作为主要的研究对象展开研究（图 2.4）。此外，南极半岛和次南极岛屿也作为研究对象被列入了计划，以便更好地改善对海平面上升的预测，使得人们更好地了解冰川系统。因而，本研究获得的数据产品涉及冰流动力的时间变化制图、冰川范围与前端位置的变化制图、冰川表面结构和融化模式的监测制图，以及无冰区积雪覆盖范围和动力学制图等。2008 年 /2009 年与 2009 年 /2010 年夏季，对上述研究区域利用 TerraSAR-X 卫星以条带式（SM）3 m

分辨率进行了数据采集；2008 年与 2009 年对于威尔金斯冰架的断裂也进行了数据采集；2010 年 11 月和 2011 年 12 月获得了乔治王岛连续 11 d 的数据，2013 年 / 2014 年对该区域再次进行观测。同期，对拉森 C/D 冰架的支流冰川也开展了特定的重复性采集活动。这些相关的制图研究对于研究南极冰架变化对海平面上升的影响以及冰架断裂力学的研究都至关重要。

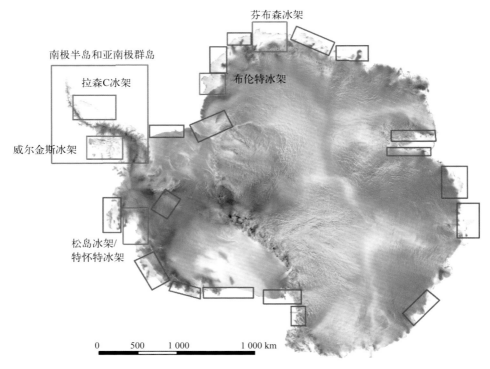

图2.4　截至2010年5月TerraSAR-X 任务已经覆盖的地区（红色）及南极洲的重点研究区域（绿色）

2.1.2.2　COSMO-SkyMed 卫星星座

COSMO-SkyMed 是由 4 颗卫星构成的卫星星座，COSMO-SkyMed-1 到 COSMO-SkyMed-4 卫星分别于 2007 年 6 月 8 日、2007 年 12 月 9 日、2008 年 12 月 25 日及 2010 年 12 月 6 日发射，每一颗卫星均装备有 SAR 传感器。基于卫星星座，COSMO-SkyMed 可以获得同一个区域的干涉条纹图，对于观测南极快速变化的冰流具有重要的作用。表 2.5 列出了卫星的多种成像模式的具体参数[49]。COSMO-SkyMed 卫星 2008 年 3 月在南极地区采集的图像显示了 X 波段 SAR 数据在冰川应用中的巨大潜力（图 2.5）。

表 2.5　COSMO-SkyMed卫星星座成像模式的基本参数

运行于 HH、VV、HV 或者 VH 中的某一种		
聚束式	空间分辨率：≤ 1 m	点状观测范围：10 km × 10 km
条带式	空间分辨率：3 ～ 15 m	幅宽：40 km
ScanSAR（宽区域）	空间分辨率：30 m	幅宽：100 km
ScanSAR（超宽区域）	空间分辨率：100 m	幅宽：200 km
运行于 HH、VV、HV 或者 VH 中的某两种		
条带式	空间分辨率：15 m	幅宽：30 km

图2.5　南极洲威尔金斯冰架的崩解[47]

根据 2008 年 3 月 31 日的条带模式数据制作

2.1.2.3　Radarsat-2 卫星

Radarsat-2 卫星是 Radarsat-1 卫星的后继星，它是加拿大第二代商业雷达卫星。该卫星于 2007 年 12 月 14 日发射，运行于倾角为 98.6°、高度为 798 km 的太阳同步轨道，运行周期为 100.7 min，Radarsat-2 卫星的运行轨道与 Radarsat-1 卫星的轨道相同，轨道间距相隔为 30 min。与 Radarsat-1 卫星相比，Radarsat-2 卫星更为先进，设计寿命提高到 7 年，工作于 5.405 GHz 的 C 波段，空间分辨率范围为 3 ~ 100 m。与 Radarsat-1 卫星不同的是，Radarsat-2 卫星采用的是全极化的工作方式，且 SAR 天线可进行左视与右视。Radarsat 系列卫星的应用更为广泛，包括减灾防灾、雷达干涉、农业、制图、水资源、林业、海洋、海冰和海岸线监测，表 2.6 列出了 Radarsat-2 卫星的具体成像参数[50]。

表 2.6　Radarsat-2 不同成像模式的基本参数

成像模式	运行模式	极化	入射角	标称分辨率 / m 距离向	标称分辨率 / m 方位向	影像大小（距离向 × 方位向）/ km
超精细	条带式	可选单极化（HH、VV、HV、VH）	30° ~ 40°	3	3	20 × 20
多视精细	条带式		30° ~ 50°	8	8	50 × 50
精细	条带式	可选单极和双极化（HH、VV、HV、VH）和（HH 和 HV、VV 和 VH）	30° ~ 50°	8	8	50 × 50
标准	条带式		20° ~ 49°	25	26	100 × 100
宽	条带式		20° ~ 45°	30	26	150 × 150
全极化精细	条带式	全极化（HH、HV、VH 和 VV）	20° ~ 41°	12	8	25 × 25
全极化标准	条带式		20° ~ 41°	25	8	25 × 25
高入射角	条带式	HH	49° ~ 60°	18	26	75 × 75
窄幅扫描	ScanSAR	可选单极和双极化（HH、VV、HV、VH）和（HH 和 HV、VV 和 VH）	20° ~ 47°	50	50	300 × 300
宽幅扫描	ScanSAR		20° ~ 49°	100	100	500 × 500

2008 年，MDA 与加拿大航天局合作制作了 Radarsat-2 全南极镶嵌影像图（图 2.6），作为国际极地年（International Polar Year，IPY）的一部分，总共使用了 3 150

景 Radarsat-2 影像，影像均在 Radarsat-2 卫星的宽幅（Wide）模式和超宽（Extended High）模式下获得。南极镶嵌图可以对南极冰盖进行详细的概括与展示，显示了从南极到南极海岸线的详细地形特征（数据可以从 https://www.polardata.ca/pdcsearch/ 网站上免费获取）。

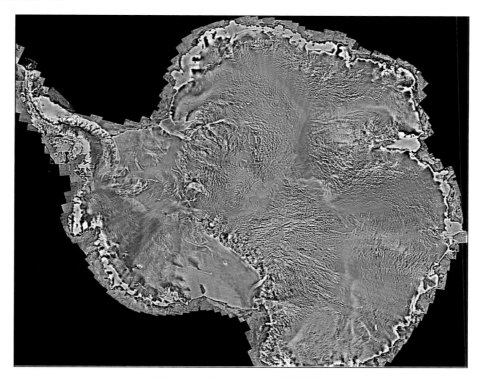

图2.6　全南极Radarsat-2影像镶嵌图

2.1.2.4　TanDEM-X 卫星

2010 年 6 月 21 日，TanDEM-X 在哈萨克斯坦拜科努尔航天发射场成功发射，该卫星可与 TerraSAR-X 卫星进行编队飞行，构成一个高精度雷达干涉测量系统。TanDEM-X 卫星计划使用 5 a，与 TerraSAR-X 卫星有 3 a 的重叠期。TanDEM-X 卫星与近乎相同的 TerraSAR-X 卫星将以太阳同步轨道方式近距离编队飞行。为了便于编队飞行、干涉 SAR 系统工作并保持高的相关性，TanDEM-X 相对 TerraSAR-X 做了非常小的改动，除此之外的平台和载荷完全相同，表 2.7 列出了 TanDEM-X 系统的主要性能参数[51]。TanDEM-X 与 TerraSAR-X 编队飞行，可以基于干涉影像获得立体相对，从而获得数字高程模型 DEM。图 2.7 显示了南极洲埃里伯斯火山附近的地形影像。

表 2.7 　TanDEM-X卫星性能参数

交轨干涉（DEM）		基线要求	
相对垂直精度 /m	2 ~ 4	交轨基线长度	150 m 至 2 km
相对垂直精度 /m	10	顺轨基线长度（）	< 2
平面精度 /m	10	基线测量精度 /mm	2 ~ 4（无控制点）
DEM 网格 /m	12	星间最近距离 /m	≥ 150（安全要求）
顺轨干涉（ATI）		轨道参数	
速度测量精度 /（m·s^{-1}）	0.01（海冰漂移）	轨道类型	太阳同步轨道
	0.1（洋流监测）	轨道周期	11 d /167 轨
	1（交通管制）	轨道高度 / 倾角	514 km / 97.44°
SAR 载荷主要指标			
指标	条带模式	扫描模式	聚束模式
分辨率（R×A）	3 m ×3 m	16 m ×16 m	1 m ×1 m
场景（R×A）	30 km× 采集长度	100 km× 采集长度	10 km×5 km
视角范围	20° ~ 45°	20° ~ 45°	20° ~ 55°
等效噪声后向散射系数 /dB	−22	−21	−20

图2.7　TSX/TDX在南极洲埃里伯斯火山附近的地形影像

2.1.2.5　Sentinel-1 卫星

Sentinel-1 卫星由两颗 C 波段的极轨 SAR 卫星 Sentinel-1A 和 Sentinel-1B 组

成，两颗卫星所搭载的传感器相同，Sentinel-1A 卫星于 2014 年 4 月 3 日发射升空，Sentinel-1B 卫星于 2016 年 4 月 25 日发射升空。卫星运行于近极地太阳同步轨道，轨道高度为 693 km，轨道倾角为 98.18°，轨道周期为 99 min，同一区域重访周期为 12 d。卫星搭载了 C 波段合成孔径雷达，设计寿命为 7 a（预期寿命可达 12 a）。Sentinel-1A 具有多种成像方式，可以实现单极化、双极化等不同的极化方式。Sentinel-1A SAR 共有 4 种工作模式：条带模式（Strip Map Mode，SM）、超宽幅模式（Extra Wide Swath，EW）、宽幅干涉模式（Interferometric Wide Swath，IW）和波模式（Wave Mode，WV）。表 2.8 中列出了 Sentinel-1 卫星 4 种成像模式的基本参数。

表 2.8　Sentinel-1（Sentinel-1A和Sentinel-1B）卫星4种成像模式基本参数

工作模式	SM	IW	EW	WV
幅宽 /km	80	250	400	20
入射角范围	18.3° ～ 46.8°	29.1° ～ 46.0°	18.9° ～ 47.0°	21.6° ～ 25.1°， 34.8° ～ 38.0°
极化方式	HH+HV VV+VH HH VV	HH+HV VV+VH HH VV	HH+HV VV+VH HH VV	HH VV
距离分辨率 /m	5	5	25	5
方位分辨率 /m	5	20	40	5
辐射精度	1 dB（3δ）	1 dB（3δ）	1 dB（3δ）	1 dB
相位误差	5°	5°	5°	5°
干涉测量	否	是	是	否
应用	分辨率高、入射角可选的特点使该成像模式主要用于紧急事件的应急管理	大范围覆盖、中等分辨率的特点使该模式成为 Sentinel-1A 卫星对地观测的主要工作模式	用于海洋、冰川、极地等需要大范围覆盖和短重访周期的区域	海洋观测的默认模式，用于海洋参数的获取

Sentinel-1A 数据产品由 SM、IW 和 EW 3 种模式获得，通过载荷数据地面站（Payload Data Ground Segment，PDGS）生成并对所有的用户免费。所有的数据都以 Sentinel 的标准欧洲存档格式存储。数据产品共有 3 个级别，包括 Level-0、Level-1 和 Level-2。Level-1 的数据产品包括单视复数影像（Single Look Complex，SLC）和地距影像（Ground Range Detected，GRD），Level-2 级海洋（Ocean，OCN）数据产品根

据获取模式不同又分为不同的部分[52]。对于 WV 模式，Level-0 和 Level-1 的数据产品不对外公开发布。表 2.9 列出了 Sentinel-1A 卫星 Level-1 级数据产品的基本参数[53]。

表 2.9　Sentinel-1A卫星 Level-1级数据产品基本参数

工作模式	产品类型	分辨率类型	分辨率（距离 × 方位）/m	像元大小（距离 × 方位）/m	视点数（距离 × 方位）/m	等效视数
SM	SLC	—	1.7 × 4.3 — 3.6 × 4.9	1.5 × 3.6 — 3.1 × 4.1	1 × 1	1
	GRD	FR HR MR	9 × 9 23 × 23 84 × 84	3.5 × 3.5 10 × 10 40 × 40	2 × 2 6 × 6 22 × 22	3.7 29.7 398.4
IW	SLC	—	2.7 × 22 — 3.5 × 22	2.3 × 17.4	1 × 1	1
	GRD	HR MR	20 × 22 88 × 77	10 × 10 40 × 40	5 × 1 22 × 5	4.4 81.8
EW	SLC	—	7.9 × 43 — 15 × 43	5.9 × 34.7	1 × 1	1
	GRD	HR MR	50 × 50 93 × 87	25 × 25 40 × 40	3 × 1 6 × 2	2.8 10.7
WV	SLC	—	2.0 × 4.8 — 3.1 × 4.8	1.7 × 4.1 — 2.7 × 4.1	1 × 1	1
	GRD	MR	52 × 51	25 × 25	13 × 13	123.7

　　Sentinel-1A/B 卫星 IW 模式的数据产品具有覆盖范围广和重访周期短的特点，因此，可用于监测两极地区冰盖、冰川的移动[54]。Nagler 等[55]利用 2015 年 1—3 月的 Sentinel-1A/B IW 模式的数据，结合偏移量追踪技术，制作了格陵兰冰盖的冰流速图（图 2.8），Sentinel-1A 与 Sentinel-1B 两颗卫星协同工作，将重访周期缩短到 6 d，提高了 IW 模式的数据产品监测冰川的移动和形变过程的能力。

　　在海冰监测方面，利用 Sentinel-1A/B 卫星数据可以反演海冰密集度、海冰范围、海冰厚度等参数，并确定海冰的移动趋势。这些信息可以为处于海冰区域的船舶与海上作业平台合理规划作业方案提供参考。由于 Sentinel-1A 数据在分辨率和覆盖范围两者间达到了非常好的平衡，加拿大海洋资源中心通过整合 Sentinel–1A 与 Radarsat–2 数据，以及一些第三方的数据，为在高纬度地区航行的船舶提供冰区导航服务，帮助他们尽可能避开海冰 / 密集浮冰区并规划安全的航线。丹麦气象研究所（Danish Meteorological Institute, DMI）利用 Sentinel–1A 数据产生了西格陵兰地区的冰况图、冰移动与形变图等，为哥白尼计划监测海洋环境提供数据产品[56]。该研究所基于恒虚警率（Constant False–Alarm Rate, CFAR）原则的检测算法对格陵兰地区的冰山进行检测，并发布该区域的冰山分布密度图，该数据产品经过数据同化后可用于冰情预报模式的验证工作。

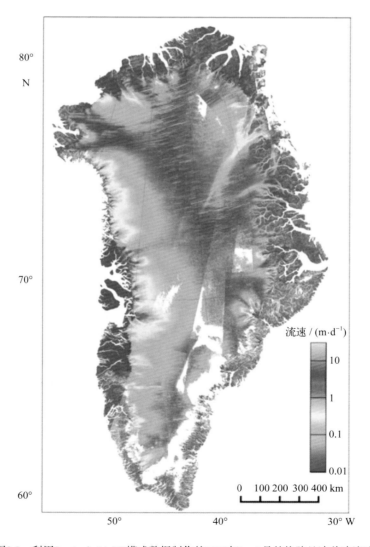

图2.8　利用Sentinel–1A IW模式数据制作的2015年1—3月的格陵兰冰盖冰流速图

2.1.2.6 ALOS-2 卫星

2014 年 5 月 24 日，ALOS-2 卫星在日本种子岛宇宙中心成功发射，卫星运行于太阳同步轨道，轨道高度 628 km，轨道倾角 97.9°，轨道周期 98.7 min，同一区域的重访周期 14 d。ALOS-1 卫星搭载了相控阵合成孔径雷达 PALSAR-2，工作于 L 波段，卫星的设计寿命为 5 a[57]。表 2.10 中列出了 PALSAR-2 传感器的成像性能。利用 ALOS-2 卫星可以生成每月的 ScanSAR 影像镶嵌图，也可以获得冰川运动的时间变化趋势。

表2.10 ALOS-2卫星搭载的PALSAR-2成像性能

工作模式	聚束式	条带制图			ScanSAR
		超精细	高灵敏度	精细	
频率 / MHz	1 257.5	1 257.5 / 1 236.5 / 1 278.5			
入射角	8° ~ 70°				
极化	SP	SP/DP	SP/DP/FP/CP		SP/DP
带宽 / MHz	84	42		28	14
分辨率 / m	3（距离向）× 1（方位向）	3	6	10	100
幅宽 / km	25	50	50	70	350
等效噪声系数 / db	≤ −24		≤ −28	≤ −26	
数据率 /（M bit·s⁻¹）	800		400		

2.1.2.7 GF-3 卫星

2016 年 8 月 10 日，高分三号（GF-3）卫星在中国太原卫星发射中心成功发射升空，该卫星是一颗多极化、C 波段的合成孔径雷达卫星，共有 12 种观测模式，设计寿命为 8 a，轨道高度在 735 ~ 747 km，轨道倾角为 98.4°，重访周期为 29 d。表 2.11 列出了 GF-3 卫星不同工作模式的相关参数[58]。

表 2.11 GF-3卫星不同成像模式的基本参数

成像模式	影像大小（距离 × 方位）/ km	分辨率 / m	极化方式	入射角
滑动聚束成像	10 × 10	1	可选双极化	20° ~ 50°

续表

成像模式	影像大小 （距离 × 方位）/ km	分辨率 / m	极化方式	入射角
超精细条带	30	3	可选双极化	20° ~ 50°
精细条带 1	50	5	可选双极化	19° ~ 50°
全极化条带 1	30	8	全极化	20° ~ 41°
精细条带 2	100	10	可选双极化	19° ~ 50°
波成像	5 × 5	10	可选双极化	20° ~ 41°
标准条带	130	25	可选双极化	17° ~ 50°
全极化条带 2	40	25	全极化	20° ~ 38°
低入射角	130	25	可选双极化	10° ~ 20°
高入射角	80	25	可选双极化	50° ~ 60°
窄幅扫描	300	50	可选双极化	17° ~ 50°
宽幅扫描	500	100	可选双极化	17° ~ 50°
全球监测	650	500	可选双极化	17° ~ 53°

2016 年 11 月 30 日，中国第 33 次南极科学考察期间利用 GF-3 卫星拍摄获得的标准条带模式 SAR 数据进行了冰情分析[59]，图 2.9 显示了"雪龙"号停靠在南极中山站外海固定冰区的影像。

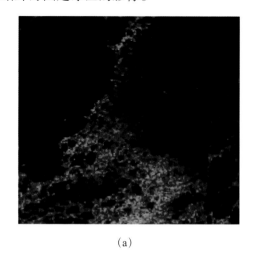 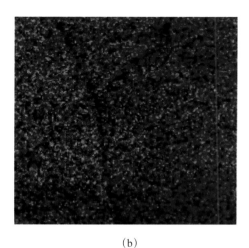

（a）　　　　　　　　　　　　　　　　　（b）

图2.9　中山站附近固定冰区GF-3卫星影像图

（a）乱冰区影像放大图；（b）冰缝影像放大图

2.2 历史卫星及传感器介绍

2.2.1 历史可见光卫星及传感器介绍——系列卫星

Landsat 计划是 USGS 与 NASA 共同发起的旨在对陆地、沿海地带以及浅水区域进行中等分辨率光学遥感观测的计划，该项计划也是迄今为止世界上最长的地球观测计划。从 1972 年 Landsat 系列的第一颗卫星发射升空，该系列卫星已为农业、地质、林业、教育、制图、应急响应、救灾援助提供了一系列的地球观测数据，同时提供了长时间序列的因自然与人为因素扰动导致的地球变化数据[60]。

Landsat-1 卫星于 1972 年 7 月 23 日成功发射，当时卫星的名字为地球资源技术卫星（Earth Resource Technology Satellite，ERTS）。这颗卫星也是世界上第一颗用于观测地球陆地生物量的地球观测卫星。卫星携带了反束光摄像机（Return Beam Vidicon，RBV）以及多光谱扫描仪（MSS）。卫星设计师们认为 RBV 是主要的观测传感器，数据质量表明 MSS 数据更优，MSS 的分辨率约为 79 m，具有从可见光蓝波段到近红外的 4 个波段。卫星一直运行到 1978 年，比预期寿命延长了 5 a。Landsat-1 卫星的多光谱扫描仪 MSS 获得了地表 30 多万张影像，数据的质量与应用价值超出了所有人的预期。

Landsat-2 卫星于 1975 年 1 月 22 日成功发射，卫星上搭载的传感器与 Landsat-1 卫星相同。卫星工作 7 a 后于 1982 年 2 月 25 日，因为偏航导致失控，于 1983 年 7 月 27 日停止工作。

Landsat-3 卫星于 1978 年 3 月 5 日成功发射，Landsat-3 卫星携带的传感器与 Landsat-1 和 Landsat-2 卫星相同。其中，MSS 传感器添加了一个热红外波段（10.4 ~ 12.6 μm），然而，该波段在卫星上天后运行不久就失效了。1983 年 9 月 7 日，Landsat-3 卫星停止运行。

Landsat-4 卫星于 1982 年 7 月 16 日成功发射，Landsat-4 卫星与此前的卫星存在明显差异，其上并未搭载 RBV 传感器。Landsat-4 卫星上搭载的传感器除 MSS 传感器以外，还搭载了一个光谱分辨率及空间分辨率相比 MSS 传感器均有所提高的专题制图仪（TM），TM 共有 7 个波段。卫星于 2001 年 6 月 15 日停止运行。

Landsat-5 卫星于 1984 年 3 月 1 日成功发射，与 Landsat-4 卫星相同，该卫星也搭载了 MSS 与 TM 两个传感器。MSS 传感器于 1995 年 8 月关闭，TM 传感器因为电子元

Rignot 等[65]利用 2007 年、2008 年和 2009 年春季的 ENVISAT ASAR 数据，2009 年春季的 Radarsat-2 数据，2007 年和 2008 年秋季的 ALOS 数据，以及 2000 年的 Radarsat-1 数据，在国际极地年会议即将召开的时候制作了一幅完整的全南极洲 InSAR 图（图 2.10），并研究了南极洲所有冰川及冰盖的流速情况，发现流速最快的冰川为松岛冰川和思韦茨冰川，其他存在快速流动的冰川包括拉森 B（Larsen B）冰川、宁尼斯（Ninnis）冰川、弗罗斯特（Frost）冰川、托滕（Totten）冰川、登曼（Denman）冰川和白濑（Shirase）冰川等。在南极半岛，威尔金斯冰架的支流和乔治六世冰架北部的支流与冰架相遇时速度突然降低为零，研究人员分析这是由于温暖海水使冰架底部发生消融而导致。这幅图显示了 Recovery、斯莱瑟（Slessor）冰川和贝利（Bailey）冰川，这些冰川位于海平面之下，可能被海洋沉积物所覆盖，这将有利于这些冰川的快速移动。

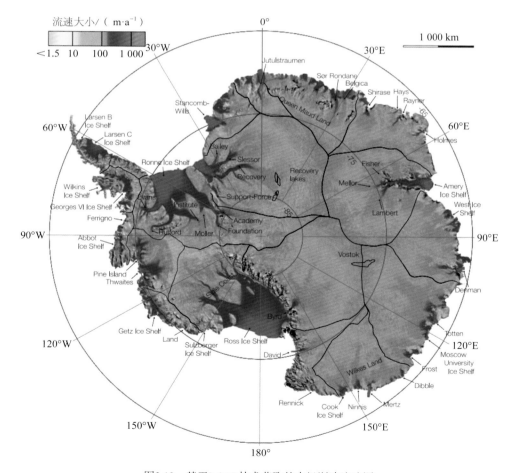

图2.10　基于InSAR技术获取的南极洲冰流速图

2.2.2.4　Radarsat-1 卫星

Radarsat-1 卫星是加拿大航天局研制的，卫星运行于近圆形的太阳同步轨道，轨道高度为 798 km，轨道倾角为 98.6°，轨道周期为 100.7 min，同一地区的重访周期为 24 d，为加拿大及其他国家提供了大量数据。该卫星的设计寿命为 5 a，工作于 5.3 GHz 的 C 波段，HH 单极化，采用右视的观测方式。卫星于 2013 年 5 月 9 日终止运行，表 2.15 中列出了 Radarsat-1 卫星不同成像模式的基本参数。

Gudmundsson 等[66]利用过去 55 a 来南极洲布伦特冰架速度变化的数据，发现 55 a 中并没有发生大规模的崩解事件，冰架逐渐生长变大。然而，冰流速度波动很大，在 1970—2000 年期间，冰流的速度增加了两倍，在 2012 年再次降低为此前的水平，此后再次开始增加。

表 2.15　Radarsat-1卫星不同成像模式的基本参数

模式	分辨率 （距离向 × 方位向）/ m	视数	幅宽 / km	入射角
标准	25 × 28	4	100	20° ~ 49°
宽幅 1	（48 ~ 30）× 28	4	165	20° ~ 31°
宽幅 2	（32 ~ 45）× 28	4	150	31° ~ 39°
精细	（11 ~ 9）× 9	1	45	37° ~ 48°
ScanSAR 窄幅	50 × 50	2 ~ 4	305	20° ~ 40°
ScanSAR 宽幅	100 × 100	4 ~ 8	510	20° ~ 49°
高入射角	（22 ~ 19）× 28	4	75	50° ~ 60°
低入射角	（63 ~ 28）× 28	4	170	~ 23°

NASA 与 CSA 首次绘制了整个南极冰盖，这项任务被称为"南极制图任务 -1"（Antarctic Mapping Mission-1，AMM-1）。因为卫星轨道倾角的问题，无法实现对于南极洲全覆盖，只有在卫星采用左视的情况下才能对南极洲实现最大范围的覆盖。在 1997 年 9 月 9—11 日期间，Radarsat-1 卫星进行了一次成功的修正，将其由右视观测姿态旋转为左视观测姿态，以便于其实现对于南极洲的数据采集。基于此次获得的 8 000 幅影像数据，美国俄亥俄州立大学伯德极地研究中心（Byrd Polar Research Center of Ohio State University）制作了第一个高分辨率（25 m）的南极洲镶嵌图（图 2.11），这

幅镶嵌图显示了南极洲表面冰盖的形态、裸岩、基础的研究设施、海岸线，以及南极洲的奇特特征（例如，在东南极发现两条新的冰流），这幅镶嵌图为后来进行极地冰盖变化研究提供了基准[67]。

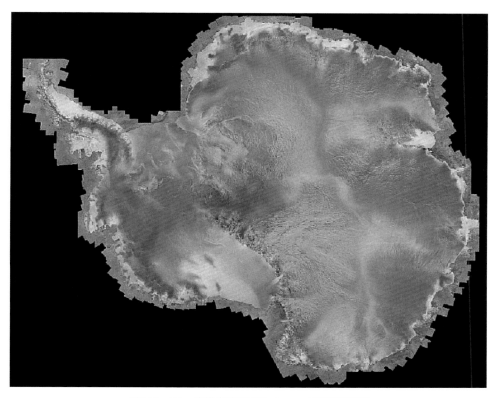

图2.11　25 m分辨率南极洲Radarsat-1影像镶嵌图

AMM-2（Antarctic Mapping Mission-2）即改进型南极测绘任务，是 2000 年 9 月 3 日至 11 月 14 日期间使用 Radarsat-1 卫星进行的南极洲 CSA/NASA 干涉测量任务。AMM-2 任务的总体目标是获得南极洲重复干涉测量数据，以及 80°S 以北地区的冰面流速，经过 72 d 获取了南极 2 400 景 SAR 数据，每个区域拍摄获得了 6 幅影像（即 3 对影像，相隔 24 d），基于这些数据获得了冰川运动的情况和南极洲海岸线随时间变化的情况[68]。

2.2.2.5　JERS-1 卫星

1992 年 2 月 11 日，JERS-1 卫星在日本种子岛宇宙中心由 H-I 火箭发射升空。卫星运行于太阳同步轨道，轨道倾角为 97.7°，轨道周期为 44 d，轨道高度为 568 km，轨道重访周期为 96 min。卫星上携带有两个传感器，合成孔径雷达（SAR）和光学传感器（Optical Sensor，OPS）。卫星在 1998 年 10 月 11 日，因为姿态控制系统出现问题而停止工作，卫星实际工作时间为 6.5 a，远远超过了 2 a 的设计寿命。

SAR 工作于 1.275 GHz 的 L 波段，HH 极化，分辨率为 18 m，刈幅宽度为 75 km，视角为 35.21°。

2.2.2.6 ALOS–1 卫星

2006 年 1 月 24 日，ALOS–1 卫星在日本种子岛宇宙中心成功发射，卫星轨道高度为 691.65 km，轨道倾角为 98.16°，轨道周期为 98.7 min，同一区域的重访周期为 46 d。ALOS–1 卫星搭载了全色立体测绘遥感相机（PRISM）、先进的可见光和近红外辐射计 –2（AVNIR–2）、相控阵合成孔径雷达 PALSAR 和角椎棱镜阵列（RRA）。其中，PALSAR 工作于 L 波段，表 2.16 中列出了其不同工作模式下的相关参数[69]。

该卫星的设计寿命为 3 a 以上，目标为 5 a，卫星于 2011 年 5 月 12 日与地面失去联系，在轨实际运行共计 5 年零 3 个月。

表 2.16　ALOS PALSAR不同工作模式的参数

参数	精细模式		直接下行模式	ScanSAR 模式	偏振模式
	单极化	双极化			
极化	HH，VV	HH+HV VV+VH	HH/HV 或 VV/VH	HH 或 VV	HH/HV + VV/VH
入射角	9.9° ~ 50.8°	9.7° ~ 26.2°	8° ~ 60°	18° ~ 43°	8° ~ 30°
空间分辨率 /m	7 ~ 44	14 ~ 88	14 ~ 88	100 多视	30
幅宽 / km	40 ~ 70			250 ~ 350	30

2.2.3 历史测高卫星介绍——ICESat 卫星

2003 年 1 月 13 日，ICESat 卫星（冰、云和陆地高程卫星）在美国加州范登堡空军基地由德尔塔 –2 型火箭成功发射，该卫星运行于近极地圆形轨道，轨道高度约为 590 km，轨道倾角为 94°，覆盖范围在 86°N 和 86°S 之间，重访周期为 101 min，设计寿命为 3 ~ 5 a，卫星共在轨实际运行了 7 a 时间，直到 2010 年 2 月退役。卫星上搭载有 GLAS、GPS 接收机和 RRA。ICESat 执行的是测量冰盖质量平衡、云高和气溶胶高度，以及陆地地形和植被特征的基础地球观测系统任务，在 2003—2009 年期间，GLAS 传感器共执行了 18 次测量任务（表 2.17），为冰盖物质平衡检测和估算提供了宝贵的数据。

GLAS 包含 3 个激光器，每个都包含发射红外（1 064 nm）和绿色（532 nm）脉冲的两个激光通道，前者用于测量表面高程和密云高度，后者则用于测量云和气溶胶垂直剖面。激光器每秒向地面发射 40 次脉冲信号，被直径为 1 m 的望远镜接收。地面星下点脚印平均直径约为 70 m，间隔距离为 175 m。在 18 次测量任务期间，3 个激光器每次仅有一个运行，为了延长任务的时间，运行模式包括 33 d 和 56 d 两个活动期。为了在 90 ~ 120 d 内对 ICESat 卫星进行校准与验证，卫星升空进入轨道后进行了 8 d 地面重复覆盖的轨道飞行[70]。

GLAS 测高的基本原理是，首先测量传感器至冰盖表面的距离，然后结合传感器自身的位置信息得到冰盖表面高程。表 2.17 列出了 ICESat 卫星运行期间的工作时间。

表2.17　ICESat卫星运行期间的工作时间

开始时间	截止时间	工作天数 / d	激光器名称
2003−02−20	2003−03−29	38	L1AB
2003−09−24	2003−11−19	55	L2A
2004−02−17	2004−03−21	34	L2B
2004−05−18	2004−06−21	35	L2C
2004−10−03	2004−11−08	37	L3A
2005−02−17	2005−03−24	36	L3B
2005−05−20	2005−06−23	35	L3C
2005−10−21	2005−11−24	35	L3D
2006−02−22	2006−03−28	34	L3E
2006−05−24	2006−06−26	33	L3F
2006−10−25	2006−11−27	34	L3G

开始时间	截止时间	工作天数 / d	激光器名称
2007-03-12	2007-04-14	34	L3H
2007-10-02	2007-11-05	37	L3I
2008-02-17	2008-03-21	34	L3J
2008-10-04	2008-10-19	16	L3K
2008-11-25	2008-12-17	23	L2D
2009-03-09	2009-04-11	34	L2E
2009-09-30	2009-10-11	12	L2F

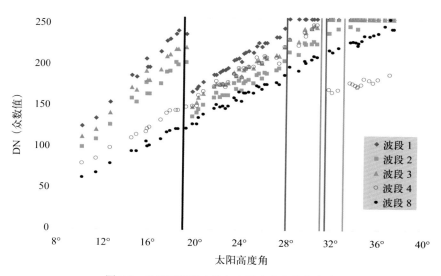

图3.4 61景图像的众数与太阳高度角的分布关系

从图3.4中可以发现，图像众数DN随着太阳高度角的增加而增加，较小的DN值对应着较小的太阳高度角。同一景影像中，波段1的DN最大，其次是波段3，再次是波段2，波段8最小。波段4的增益与波段1～3不同，因此这里不做比较。在LIMA中指出波段1～3的增益改变与太阳高度角关系密切，但没有具体描述。从图3.4可以很容易发现，波段1～3增益改变的分界线并不是19°，而波段4的则是31°，这与Landsat-7用户手册中的冰雪增益转化的太阳高度角并不完全一致。因此，冰雪地区ETM+数据增益转化时太阳高度角大小的选取应视不同区域做具体研究。同时这也表明太阳高度角并不是数据增益改变的标准。图3.4中，不同波段数据达到饱和的太阳高度角：波段1为28°，波段2为33°，波段3为31°。波段4与波段8不容易达到饱和，这与DN值大小和太阳高度角大小关系也是一致的。

为了能获取数据之间的关系，同时采用比值与回归的方法（表3.1与表3.2）进行回归分析。数据进行回归时，DN为255的像元不能确定其是否饱和。为了避免饱和像元参与计算，将DN为255的像元全部排除，因此61个数值并不是完全参与了回归计算。这也是表3.1与表3.2中样片数量不等的原因。回归时，首先采用波段2对波段1和波段3进行回归（波段2达到饱和的太阳高度角最大为33°），如果波段2饱和，再采用波段8进行回归。波段4则直接与波段8进行回归，①波段1～3与波段8的DN大小关系为：波段1>波段3>波段2>波段8；②ETM+数据波段1、波段2、波段3之间相关性较高。

南极洲高分辨率遥感制图研究

表 3.1　高增益数据回归结果

	比值回归			线性回归			采样个数
	比值	相关系数（R^2）	均方根误差（RMSE）	公式	相关系数（R^2）	均方根误差（RMSE）	
波段 1/ 波段 2	1.195	0.999	3.724	$B1=1.126 \times B2+11.870$	0.994	2.931	
波段 3/ 波段 2	1.095	0.999	1.826	$B3=1.064 \times B2+5.440$	0.998	1.491	
波段 1/ 波段 8	1.955	0.999	1.881	$B1=1.921 \times B8+3.571$	0.998	1.760	14
波段 2/ 波段 8	1.635	0.999	2.773	$B2=1.697 \times B8-6.512$	0.994	2.495	
波段 3/ 波段 8	1.791	0.999	1.483	$B3=1.811 \times B8-2.034$	0.998	1.435	
波段 4/ 波段 8	1.188	0.999	2.873	$B4=1.144 \times B8+5.927$	0.997	2.295	47

注：比值回归和线性回归中的 P 值都小于 0.001。

表3.2　低增益数据回归结果

	比值回归			线性回归			采样个数
	比值	相关系数（R^2）	均方根误差（RMSE）	公式	相关系数（R^2）	均方根误差（RMSE）	
波段 1/ 波段 2	1.192	0.999	3.224	$B1=1.189 \times B2+0.512$	0.994	3.224	
波段 3/ 波段 2	1.089	0.999	1.486	$B3=1.086 \times B2+0.543$	0.998	1.486	
波段 1/ 波段 8	1.295	0.999	3.319	$B1=1.287 \times B8+1.293$	0.998	3.317	26
波段 2/ 波段 8	1.087	0.999	1.853	$B2=1.077 \times B8+1.526$	0.994	1.845	
波段 3/ 波段 8	1.183	0.999	1.448	$B3=1.176 \times B8+1.087$	0.998	1.445	
波段 4/ 波段 8	1.292	0.999	1.699	$B4=1.288 \times B8+0.695$	0.997	1.699	12

注：比值回归和线性回归中的 P 值都小于 0.001。

从表 3.1 和表 3.2 的结果可以看出，不论是线性回归还是比值回归，结果均是有统计学意义的，其相关系数（R^2）也表明方程拟合质量非常高。同时，比值回归的系数与线性回归的斜率相差很小，线性回归的截距绝对值也较小，这表明两种方法所能达到的结果基本一致。

具体的算法描述如下：

- For Band 2 and 4

  if Band$i$[P, L]= 255 then begin

$Bi[P, L] = f\{Band\ 8[P, L]\}$

if $Bi[P, L] \leqslant 255$ then begin

$B'_i[P, L] = 255$

else $B'_i[P, L] = Bi[P, L]$

endif

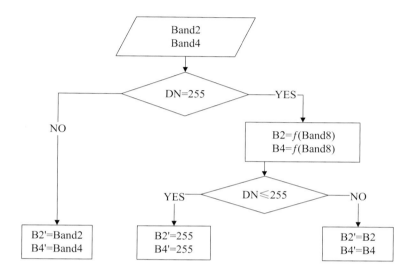

这里，$i=2,4$；Band$i$[P, L] 是原始数据的 DN 值，Bi [P, L] 线性回归后的 DN 值，B'_i[P, L] 是调整后的 DN 值即最后的结果值，f 是回归函数，不同的波段函数不同。

- For Band 1 and 3

if Band$i$[P, L] =255 then begin

if Band 2[P, L]≠255 then begin

$Bi[P, L] = f\{Band\ 2[P, L]\}$

endif

else begin

$Bi[P, L]=f\{Band\ 8[P, L]\}$

endelse

if $Bi[P, L] \leqslant 255$ then begin

$B'_i[P, L]=255$

else $B'_i[P, L]= Bi[P, L]$

endif

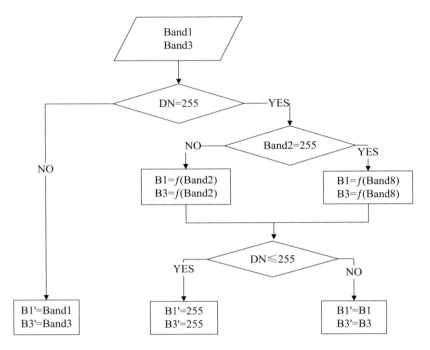

这里，$i=1,3$；Band$i$[P, L] 是原始数据的 DN 值，Bi [P, L] 是线性回归后的 DN 值，Bi'[P, L] 是调整后的 DN 值也就是最后的结果值，f 是回归函数，不同的波段函数不同。

通过算法将饱和溢出 DN 值进行调整，得到了调整后的图像。图 3.5 是 2002 年 11 月 27 日调整后的图像，与图 3.2 相比，可以发现图像纹理清晰、层次分明、色彩正常，有助于图像解译和地物识别。

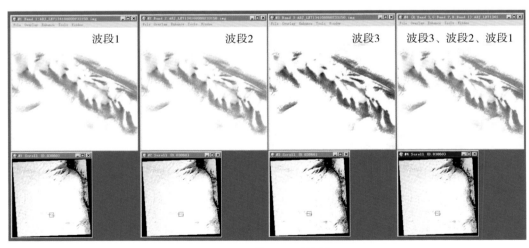

图 3.5   DN值调整后的图像

path-row：134～108, 影像获取时间：2002-11-27

辐射校正是时间序列数据消除时间差异以及传感器引起的辐射失真，这也是获取科学数据的先决条件。辐射校正是 ETM+ 数据转化为行星反射率的最基本的步骤之一。利用公式（3.2）可以将 DN 值转化为入瞳处的辐亮度。Chander 指出利用数据的头文件信息进行辐亮度转化的结果要比直接利用 Landsat-7 数据手册中的数据更加准确。因此，本研究的辐射校正的增益与偏移全部来自头文件信息。首先对 1 080 景图像的头文件信息进行提取，获取每个文件的增益、偏移、数据获取时间以及处理时间等。经过统计，1 080 景数据的数据处理时间全部为 2006 年，增益与偏移有两种方式（表 3.3），这与 Landsat-7 数据手册中的增益方式是完全一致的。

表 3.3　ETM+数据各波段增益系数与大气上方太阳平均辐照度

波段	低增益		高增益		太阳辐照度 /(W·m^{-2})
	$G_{rescale}$	$B_{rescale}$	$G_{rescale}$	$B_{rescale}$	
波段 1	1.180 7	−7.380 7	0.778 7	−6.978 7	1 997
波段 2	1.209 8	−7.609 8	0.798 8	−7.198 8	1 812
波段 3	0.942 5	−5.942 5	0.621 7	−5.621 7	1 533
波段 4	0.969 3	−6.069 3	0.639 8	−5.739 8	1 039
波段 5	—	—	0.126 2	−1.126 2	230.8
波段 7	—	—	0.043 9	−0.393 9	84.9
波段 8	0.975 6	−5.675 6	—	—	1 362

3.4　大气表现反射率转化

3.4.1　太阳高度角计算

南极大陆属于高纬度地区，尤其是靠近极点区域，经纬度跨度很大，太阳高度角的差别也会很大。为了减小误差，提高行星反射率的精度，本研究逐像元计算太阳高度角。公式（3.3）是地球上任意一点太阳高度角的计算公式。

$$\sin \theta_s = \cos\omega \cos\delta \cos\phi + \sin\delta \sin\phi \tag{3.3}$$

式中，θ_s 表示太阳高度角；

ω 表示地方时（时角）；

δ 表示太阳赤纬；

ϕ 表示当地纬度。

通过获取每景图像每个像元的经纬度、中心像元经纬度与获取时间，计算得到每个像元的获取时间，然后一并计算得到太阳高度角。

3.4.2　日地距离计算

日地距离影响着太阳辐射，研究中使用的日地距离是从 Landsat-7 数据手册中获取。通过比较每景数据的获取日期（儒历）与数据手册中的日期获得日地距离，用于行星反射率的计算。

3.5　非朗伯体调整

通过上述方法计算得到公式（3.1）中的各个变量，写程序进行行星反射率的转化。图 3.6 是样片数据 DN 值（a）与调整后 DN 值（b）进行行星反射率转化的结果。太阳高度角小于 28° 时，DN 值未达到饱和，原始 DN 值与调整后 DN 值转化的行星反射率结果一样，都是随着太阳高度角的增加，反射率增加。但是太阳高度角超过 28° 后，DN 值达到饱和，原始 DN 值与调整后 DN 值转化的行星反射率呈现相反的结果，原始 DN 值转化的行星反射率随着太阳高度角的增大而减小，调整后 DN 值转化的行星反射率随着太阳高度角的增大而增加。

冰雪在可见光部分的反照率可达到 0.96 ~ 0.98，整个南极地区的冰雪反射率均可达到此值[74-75]。但是从图 3.6 中可以看出，数据饱和与非朗伯体反射造成行星反射率的值远小于此值，同时调整后的 DN 值转化为行星反射率后在太阳高度角大于 31° 后反射率并不是随着太阳高度角的增大而增大。因此，为弥补此值和此现象，采用 LIMA 中的方法对数据进行调整。公式（3.4）是数据调整的算法，首先将 DN 值未饱和的数据的行星反射率与太阳高度角进行拟合，利用标准反射率[75]和拟合的曲线得到比值，这个比值就是行星反射率调整的因子。将该比值用于整个结果，得到全南极的非朗伯体调整的反射率，得到非饱和 DN 值转化的行星反射率与太阳高度角曲线拟合的结果（图 3.7）。

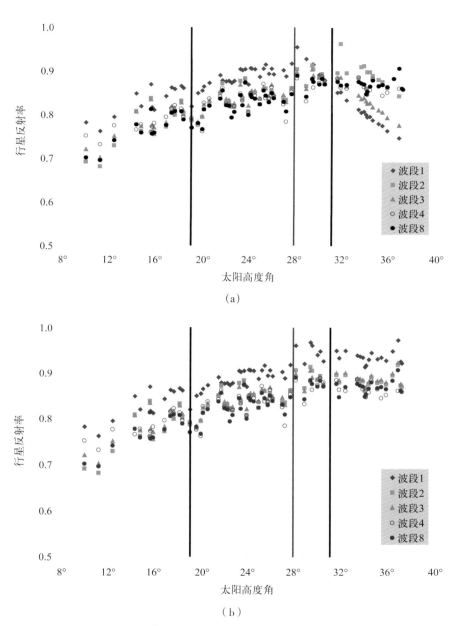

图 3.6　原始DN值（a）与调整后DN值（b）行星反射率结果比较

$$\rho_{\mathrm{NL}} = \rho_{\lambda} \times f_{\mathrm{NL}} = \rho_{\lambda} \times \frac{f_{\mathrm{stand}}}{f_{\mathrm{curve}}} \tag{3.4}$$

式中，ρ_{NL} 表示非朗伯体行星反射率；

ρ_{λ} 表示行星反射率；

f_{NL} 表示非朗伯体调整因子；

f_{stand} 表示标准反射率；

f_{curve} 表示行星反射率与太阳高度角拟合曲线。

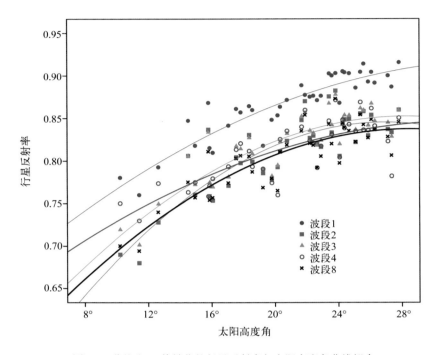

图 3.7　非饱和DN值转化的行星反射率与太阳高度角曲线拟合

表3.4　行星反射率与太阳高度角拟合方程及标准反射率

波段	曲线拟合			标准反射率
	公式	相关系数（R^2）	P 值	
波段 1	$\rho1 = 0.620+0.017 \times SE-0.000\,25 \times SE \times SE$	0.833	<0.001	0.936 2
波段 2	$\rho2 = 0.434+0.031 \times SE-0.000\,57 \times SE \times SE$	0.748	<0.001	0.869 4
波段 3	$\rho3 = 0.509+0.024 \times SE-0.000\,43 \times SE \times SE$	0.769	<0.001	0.869 7
波段 4	$\rho4 = 0.598+0.016 \times SE-0.000\,24 \times SE \times SE$	0.614	<0.001	0.859 9
波段 8	$\rho8 = 0.497+0.024 \times SE-0.000\,42 \times SE \times SE$	0.751	<0.001	0.855 6

注：ρ 表示行星反射率；SE 表示太阳高度角。

3.6　数据融合

数据融合既能提高图像质量，又有助于图像解译，已经在很多领域中有所应用。Gram-Schmidt 光谱锐化[76] 是数据融合的一种方法，其不仅能增加空间信息，而且还能较好地保持原多光谱波段的光谱信息。Gram-Schmidt 光谱锐化融合的过程为：第一步，从低分辨率的波谱波段中复制出一个全色波段。第二步，对该全色波段和波谱波段进行 Gram-Schmidt 变换，其中全色波段被作为第一个波段。第三步，用 Gram-Schmidt 变换后的第一个波段替换高空间分辨率的全色波段。最后，应用 Gram-Schmidt 反变换构成 pan 锐化后的波谱波段。1 080 景 ETM + 30 m 与 15 m 行星反射率数据使用 Gram-Schmidt 光谱锐化进行融合，得到全南极洲 15 m 分辨率的数据。

3.7　数据镶嵌

1 080 景 ETM+ 15 m 的融合数据的数据量为 2.96 TB，由于南极属于高纬度地区，ETM+ 的影像重叠率很高，可以达到 50% 以上。数据的重复常造成数据冗余，因而，进行图像镶嵌成为得到全南极 15 m 分辨率遥感图像的必经过程。数据镶嵌过程为：首先底层是含云数据，其次 2 月与 3 月获取的数据在中间一层，南极夏季（11 月至翌年 1 月）获取的数据在最上层。这样做的目的主要是获取南极夏季无云镶嵌图像，最后的镶嵌结果，数据总量为 980 GB。由于 Landsat 卫星轨道的设计原因，82.5° S 以南地区无 ETM+ 数据，因此，要对 82.5° S 以南的地区使用 MODIS 数据进行弥补，这样可以获取覆盖全南极洲的影像（图 3.8）。

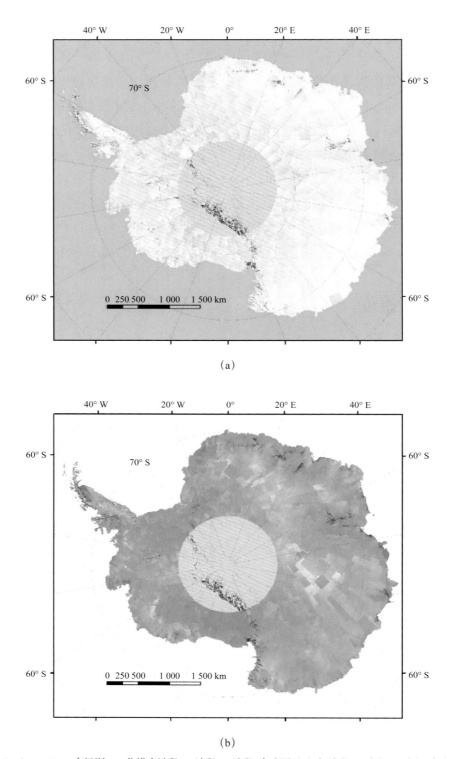

（a）

（b）

图 3.8　Landsat–7 ETM+南极洲15 m分辨率波段3、波段2、波段1合成图（a）与波段7、波段4、波段1合成图（b）

3.8　与 LIMA 数据的比较

3.8.1　目视判读比较图像质量

本书通过 12 个 LIMA 的框格获取 512 像素 × 512 像素大小的图片来比较本研究数据图像与 LIMA 数据图像的质量。12 个样片比较结果如图 3.9 所示，所示图像为波段 3、波段 2、波段 1 组合的真彩色图像。从图像目视结果来看，相比 LIMA 数据，在雪地高反射区域我们的图像显示的地物的纹理和层次更清晰，能反映出更多的细节特征，能更好地表现地形。且 LIMA 图像在地物边缘处普遍存在较为明显的锯齿，有些区域地物存在色偏。由此可以初步判断，本研究在雪反射率饱和溢出方面处理得更好，图像的融合效果更好。

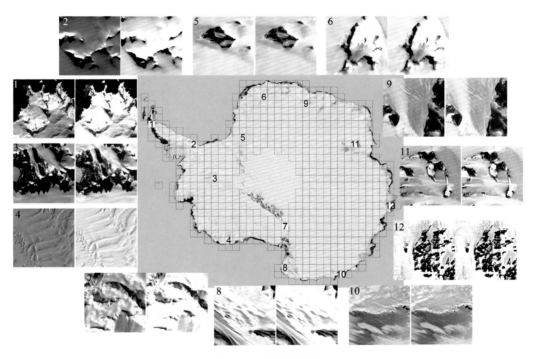

图 3.9　12个样区分布

左边图像是本研究的结果，右边图像是LIMA的结果

3.8.2　从信息量评估图像质量

利用图像相对标准差和信息熵值来定量评估影像质量。图像标准差是衡量一幅图像信息量大小的重要度量，通常来说方差越大，信息量越大。同时反映了图像灰度层

次的范围大小，同一地区的不同图像，灰度分布范围越大，图像的标准差越大，说明图像灰度层次较为丰富，图像质量较好。分别使用 LIMA 和本研究的 16 bit 的波段 1 ~ 4 的数据进行比较，由于本研究的数据与 LIMA 数据灰度值范围不同，因此采用相对标准差（标准差 / 图像灰度均值）来评估。

从表 3.5 可以看出，本研究数据的相对标准差均大于 LIMA 数据的相对标准差，即我们的图像信息量更大、灰度层次更丰富、图像质量更好。

图像熵表示为图像灰度级集合的比特平均数，单位为 bit / 像素，描述了图像信源的平均信息量，也是衡量图像信息丰富程度的一个重要指标，熵越大说明图像的融合效果越好。

从表 3.5 可以看出，本研究的图像的信息熵均大于 LIMA 图像，图像的信息量更丰富，图像的融合效果更好。

表 3.5　12个样区信息熵（IE）与相对标准差（RSD）比较

单位: bit / 像素

样区	LIMA [IE（RSD）]				本研究 [IE（RSD）]			
	波段 1	波段 2	波段 3	波段 4	波段 1	波段 2	波段 3	波段 4
1	2.05(0.58)	2.05(0.63)	2.03(0.67)	2.03(0.72)	2.22(0.60)	2.24(0.65)	2.24(0.69)	2.21(0.73)
2	1.90(0.31)	1.97(0.34)	2.00(0.37)	2.04(0.41)	1.96(0.32)	2.01(0.36)	2.09(0.39)	2.12(0.41)
3	2.03(0.46)	2.05(0.54)	2.06(0.59)	2.07(0.63)	2.07(0.50)	2.10(0.60)	2.16(0.68)	2.14(0.74)
4	1.56(0.06)	1.63(0.07)	1.65(0.08)	1.75(0.09)	1.57(0.07)	1.67(0.08)	1.70(0.09)	1.71(0.1)
5	1.55(0.2)	1.65(0.22)	1.74(0.23)	1.81(0.28)	1.68(0.22)	1.75(0.24)	1.82(0.26)	1.86(0.31)
6	1.78(0.2)	1.80(0.22)	1.82(0.24)	1.92(0.26)	2.02(0.21)	2.00(0.23)	2.02(0.25)	2.03(0.27)
7	1.98(0.27)	1.99(0.3)	1.93(0.31)	1.98(0.32)	2.15(0.28)	2.18(0.30)	2.22(0.31)	2.19(0.33)
8	1.45(0.12)	1.45(0.13)	1.45(0.14)	2.02(0.19)	1.88(0.12)	1.85(0.12)	1.89(0.13)	2.11(0.19)
9	2.05(0.35)	2.07(0.36)	2.17(0.37)	2.14(0.45)	2.20(0.40)	2.20(0.41)	2.26(0.42)	2.22(0.51)
10	2.00(0.14)	2.03(0.16)	2.11(0.19)	2.19(0.28)	2.07(0.16)	2.08(0.18)	2.19(0.21)	2.22(0.31)
11	1.84(0.24)	1.89(0.26)	1.99(0.27)	2.06(0.36)	2.02(0.65)	2.06(0.65)	2.14(0.61)	2.19(0.39)
12	1.93(0.33)	1.96(0.35)	1.99(0.35)	2.02(0.35)	2.03(0.34)	2.07(0.36)	2.07(0.37)	2.02(0.36)

3.8.3　从分类效果评估图像质量

本研究所获取的波段 7、波段 4、波段 1 图像能较好地反映南极地表覆盖特征，本书采用相同的非监督分类方法和参数，分别获得本研究数据波段 7、波段 4、波段 1 图像，波段 3、波段 2、波段 1 图像和 LIMA 波段 3、波段 2、波段 1 图像的自动分类结果。结果显示，相比于 LIMA 影像，我们的数据具有较好的影像自动分类结果，特别是在蓝冰分类上。

3.8.3.1　从分类结果显示

从整体看（表 3.6），本研究数据波段 7、波段 4、波段 1 图像分类结果优于本研究数据波段 3、波段 2、波段 1 图像分类和 LIMA 数据波段 3、波段 2、波段 1 图像分类结果；而后两者的优劣很难判断；从局部看（表 3.7），本研究数据波段 3、波段 2、波段 1 图像分类优于 LIMA 数据波段 3、波段 2、波段 1 图像分类，分类边界更准确，聚类效果更好。

表3.6　分类整体结果

注：图像中蓝色为蓝冰，红色为裸岩，青绿色为粒雪。

表3.7　分类结果局部显示

		影像	本研究图像波段3、波段2、波段1图像分类结果	LIMA图像波段3、波段2、波段1图像分类结果
局部效果1	分类边界更准确			
局部效果2	聚类效果更好			

3.8.3.2　计算混淆矩阵定量评估分类精度

计算混淆矩阵来评估分类精度，实验结果显示本研究数据波段7、波段4、波段1图像分类结果明显优于 LIMA 数据波段3、波段2、波段1图像分类结果，本研究数据波段3、波段2、波段1图像分类略优于 LIMA 数据波段3、波段2、波段1图像分类结果。

本书以样本11为例，将3种自动分类结果与人工目视解译结果（图3.10）比较。表3.8显示，无论从生产者精度还是用户精度来看，利用本研究获取的图像进行自动分类，结果精度更好，在蓝冰的分类上表现最为明显。

表 3.8　不同波段组合自动分类结果与人工目视分类结果的混淆矩阵

	生产者精度			用户精度		
	波段7、4、1	波段3、2、1	波段3、2、1（来自 LIMA 数据）	波段7、4、1	波段3、2、1	波段3、2、1（来自 LIMA 数据）
粒雪	96.50	85.20	83.40	92.40	84.30	84.30
裸岩	90.40	92.20	92.00	81.00	85.00	84.80
蓝冰	88.40	79.00	78.80	97.00	82.10	79.70
总体精度	91.83	85.64	84.91	90.38	83.81	82.97

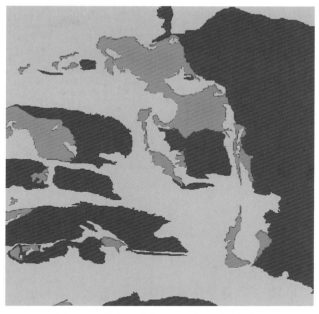

图 3.10　样本11的人工目视解译分类结果

　　与 LIMA 相比，本研究的数据集有如下几方面优势：①本研究采用了线性回归方法进行 DN 值饱和调整，误差较比值法小。尽管比值法和线性回归法均能对 DN 值进行饱和调整，但线性回归法的均方根误差更小一些。同时，对于波段 4，本研究根据增益方式的不同，对波段 4 的 DN 值饱和调整采用高增益和低增益两种方式的回归方程，与 LIMA 的 3 个回归方程相比，本研究的两个回归方程的物理意义更加真实有效。②本研究中太阳高度角采用逐像元回归方法进行计算，较 LIMA 采用双线性插值方法对 4 个角点的太阳高度角插值获取整个图像的太阳高度角的方法相比，在精度上大大提高，减少了行星反射率计算的误差。③本研究将 ETM+ 6 个波段（波段 1 ~ 5，波段 7）进行了反射率转化，并且采用 Gram–Schmidt 光谱锐化方法对数据进行了融合。而 LIMA 仅 4 个波段（波段 1 ~ 4）进行了反射率转化，并且采用代数计算法进行融合。波段 5 和波段 7 都能很好地区分云，识别岩石，因此在极区的应用更加广泛。④本研究的数据结果以 16 bit 进行存储，数据纹理与表面特征更加清晰。对比分析的结果表明，本研究的数据在目视效果、信息量和分类精度上较 LIMA 数据均有所提高。

第 4 章
南极洲蓝冰制图

蓝冰广泛分布在海岸线沿岸与山区地带约 1% 的南极表面区域上[77-78]。虽然蓝冰面积狭小，但是因为蓝冰表面平滑、坚硬的特点，其具有重要的科学研究价值。在靠近山区或者高海拔地区冰川的出口区域，蓝冰表面在风力作用下变得非常坚硬。在这些区域，持续的风不断地侵蚀多年的积雪使得积雪不断升华挥发消失，导致这些区域成为积雪净消融区[78]。研究表明，这些区域抽样采集的冰相比深层冰芯中获得的冰时间分辨率更高[79-80]。因此，蓝冰区域是研究古气候的重要区域[77, 79, 81-85]。南极洲蓝冰对于古气候的作用已经有学者进行了相关的研究[80]。有学者对南极洲上不同区域蓝冰的反照率进行了总结[86]，其值从 0.55 到 0.66 不等[87-93]。蓝冰的低反照率会影响局部地区的能量平衡和气候[87, 88, 94-97]。蓝冰通常出现在冰雪消融区，消融区域积雪的累积速度小于冰雪融化速度。因此，这些区域的质量处于亏损的状态。因而，蓝冰也会影响局地表面的质量平衡和气候变化[78-88, 98-105]。研究表明，蓝冰区域对气候变化更为敏感，这些区域同时也是南极洲陨石搜寻的重要区域[106-111]。由于这些区域表面平整、坚硬，因而更适合作为飞机起降跑道以及货物运输与车辆往来场所[112-114]。蓝冰研究可以加强在南极洲科学研究上的后勤保障能力。

　　蓝冰有明显的季节性和年际变化规律[99]，因此对蓝冰的分布位置以及类型划分至关重要。卫星遥感技术增加了对于雪和冰物理特性的了解，科研人员利用各种遥感数据对于南极洲的蓝冰区域进行了研究[78-99, 103-104, 114-119]，所有的这些研究表明遥感是对蓝冰进行监测最为简单、高效、成本低廉的手段。蓝冰分布在南极洲的不同区域，在研究蓝冰的季节性变化以及年际变化时，需要采用多时相的遥感影像。因此，利用多种手段对于南极洲的蓝冰区域进行制图是十分重要的，这可以为其他的蓝冰研究提供有价值的信息。在此次制图以前，有研究人员曾利用 NOAA 1.01 km 空间分辨率的 AVHRR 数据来进行整个南极洲在 1980—1994 年的蓝冰制图[78]。关于蓝冰的其他研究仅仅在一些分散的局部区域进行，并未有高分辨率的全南极洲蓝冰制图。南极洲的 Landsat 影像镶嵌数据 LIMA[26]，以及对于 LIMA 数据的改进型 15 m 空间分辨率的数据[34] 只覆盖 82.5° S 以北的数据。

　　本章将介绍利用南极洲 82.5° S 以北地区的 15 m 空间分辨率的改进型 LIMA 数据[34]，与 82.5°S 以南区域约 150 m 空间分辨率的雪粒径（Snow Grain-Size，SGS）影像（基于 MODIS 南极洲镶嵌数据集 MOA）[117]制作全南极洲蓝冰分布图的过程。这项工作将为南极洲蓝冰长期变化，以及全球气候变化中数据的积累及未来研究打好基础。

4.1　数据

研究利用 1999—2003 年 1 073 景覆盖南极洲 82.5°S 以北地区南半球夏季的 Landsat-7 ETM+ 数据，以及 2003—2004 年南极洲 82.5°S 以南地区的南极洲镶嵌影像图（MOA）数据集中的 SGS 影像。ETM+ 数据源从南极洲 Landsat 影像镶嵌图（LIMA）项目中获得，也可以从美国地质调查局网页（http://lima.usgs.gov/access.php）上进行下载，而 MOA 数据集中的 SGS 影像主要来自美国国家冰雪数据中心（NSIDC，http://nsidc.org）。

由于冰雪表面存在高的反射率，为了校正雪和冰在可见光波段的饱和性，研究中利用不同波段之间 DN 值的相关性建立回归函数进行调整，调整后的影像中纹理特征变得更为清晰。Landsat ETM+ 数据随后被转化为行星反射率。利用 Landsat 15 m 分辨率波段 8 对 30 m 分辨率波段 1 ~ 5 和波段 7 进行分辨率的提高。最后，利用 Landsat-7 ETM+ 全南极洲的镶嵌图与 ETM+ 15 m 空间分辨率数据进行整合。

MOA 数据集 SGS 影像从 2003—2004 年春季与夏季的 MOA 数据集中获得，利用影像的超分辨率方法将影像重新栅格化为 125 m 空间分辨率。

利用 15 m 空间分辨率的 ETM+ 数据与 125 m 空间分辨率的 MOA 数据集中的 SGS 数据进行蓝冰制图。蓝冰制图时，采用基于反射率波段比值阈值的方法在 ETM+ 数据中使用，MOA 数据集中的 SGS 数据的处理利用阈值的方法进行。

4.2　基于波段比值的蓝冰制图

科研人员已经利用多种监督、非监督分类的手段对南极的粒雪与裸岩基于影像的纹理特征进行影像分割工作 [78, 118-119]，以及基于波段比值或粒径阈值大小进行分类工作 [116, 119]。其中，基于蓝冰和积雪在不同光谱波段的光谱反射率差异进行波段比值运算 [99, 104-115, 117-118] 进行区分的方法，是以已知的物理原理为基础的。这种方法一直被用于雪粒径的研究 [120-124]，波段比值可以被定义为

$$R_{ij} = \frac{\rho_i - \rho_j}{\rho_i + \rho_j} \tag{4.1}$$

此处，$\rho_i(\rho_j)$ 为表观反射率或波段 i（j）的地面反射率。

两个波段的比值可以移除照度差异并消除表面坡度的影响。尽管一个单一的比值不能确定精确的粒径大小，但是波段比值结果可以被用来作为粒径大小的指标。研究表明，Landsat ETM+ 影像波段 5 确定的比值相比波段 7 的比值更为敏感。波段 4 相比波段 2 及波段 3 对于大气效应及污染的敏感性更弱[120-121, 125]。尽管这项研究发现 R_{47} 比 R_{45} 对于粒径大的雪而言易存在饱和现象，但是 R_{47} 比 R_{45} 与雪粒径的理论曲线拟合性更好[121]。这项研究选择 Landsat-7 卫星的 ETM+ 数据的 R_{47} 作为最佳比值进行南极洲蓝冰制图。从图 4.1 中可以看到蓝冰、粒雪以及裸岩在光谱反射率上的显著差别，这些差别主要是由于不同物质不同的粒径大小造成的[120, 125]。图 4.1 为北京师范大学在南极中山站（69°22′S, 76°22′E），利用 2009 年光谱分析仪 ASD 野外光谱 Pro FR 分光辐射度计在 350 ~ 2 500 nm 的光谱范围内测量得到的，进行测量时天气晴好、微风。图 4.1 中的 6 个色带分别表示 ETM+ 的 6 个波段（波段 1 ~ 5，以及波段 7）。从图 4.1 中可以看出，粒雪在可见光及近红外波段（SWIR）的反射率最高，在短波近红外波段存在两个峰值，而蓝冰在所有波段的反射率均低于粒雪。蓝冰在红外波段及近红外波段对太阳辐射存在强吸收，至短波红外波段吸收更强，反射率则变得非常低。

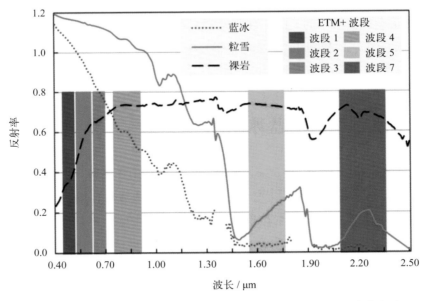

图 4.1　南极中山站蓝冰、粒雪、裸岩在2009年12月的光谱反射率曲线图

蓝冰、粒雪和裸岩分别采集于2009年12月22日的69°27.242′S，76°21.134′E，2009年12月12日的69°19.314′S，76°27.517′E，以及2009年12月24日的69°22.286′S，76°22.061′E。天气晴、微风。从左到右的色带分别表示蓝波段、绿波段、近红外波段（波段1~4），以及两个短波红外波段（波段5、波段7）

裸岩与粒雪和蓝冰的光谱特征完全不同，但是裸岩在可见光短波红外波段存在强吸收，而在近红外波段到短波红外波段反射率的变化很小，在短波红外波段裸岩反射率高于蓝冰与粒雪。与蓝冰的光谱曲线做比较，红波段、近红外波段及短波红外波段是将蓝冰从粒雪与裸岩中区分的主要光谱区域。在近红外波段，蓝冰的反射率的变化比粒雪更大，蓝冰和粒雪在波段 7 的反射率值小且相对稳定。因此，对蓝冰和粒雪而言，R_{47} 的值都比较大，但是由于反射率的不同，粒雪比蓝冰略小。对于裸岩而言，R_{47} 的值为负且非常小。因此，R_{47} 的值可以将蓝冰从粒雪和裸岩中区分开来。

为了将整个南极大陆完全覆盖，需要大量的 Landsat TM/ETM+ 数据。研究中，利用在不同地理区域随机选择的 14 个样本的 ETM+ 数据，来确定进行蓝冰识别的阈值。此前的研究表明，蓝冰、粒雪、裸岩、阴影区雪或蓝冰，以及阴影区裸岩可以在不同的 Landsat TM/ETM+ 影像中获得。蓝冰可以根据主导的气候过程的不同被分为因风力作用生成或因融化生成两类，这些气候过程与蓝冰的形成机制过程紧密相关[78, 90, 126]。根据蓝冰在影像上表现出来的纹理差异，蓝冰也可以被分为平滑、平整、粗糙 3 类。平滑类的蓝冰区域在影像上表现为平滑的影像特征，平整的蓝冰区域在影像上表现为纹理特征相同的水塘或湖冰（季节冰），而粗糙的蓝冰区域则包含水槽、冰脊或表面相对粗糙的表面裂隙[119]。平滑的蓝冰与平整的蓝冰在像元上表现为同质的，但粗糙的蓝冰像元则是由蓝冰与粒雪组成的混合像元。在我们的研究中，不同表面特征的训练区域可以通过目视判读确定。根据像元是纯像元或者是混合像元，蓝冰区域可以被分为平滑类或者粗糙类。平滑类蓝冰在影像上表现为小粒径，而粗糙类蓝冰在影像上则表现为大粒径。

选择 6 种不同的表面特征类型作为训练样本，包括平滑蓝冰、粗糙蓝冰、粒雪、裸岩、阴影区裸岩，以及阴影区雪或蓝冰。首先，在波段 7、波段 4 和波段 1 进行 RGB 彩色合成的假彩色影像上选择 14 个样本区，并通过目视解译的方式识别样本区中的 6 种类型。由于 14 个区域是随机选择的，因而在每一个区域内并非包含全部的 6 种地物类型。接下来，计算每个区域内每种地物类型的表观反射率的最大值、最小值、平均值和标准差，同时计算每幅影像中所选择的训练样本的像元总数。最后，进行比较分析以确定蓝冰的分类阈值。

表 4.1 列出了 14 个样本影像中所选择的训练样本中每种地物类型在 6 个波段表观反射率的平均值和标准差。

表4.1　样本区域每种地物类型在6个波段表观反射率的平均值（ρ）与标准差（SD）统计

波段	平滑蓝冰		粗糙蓝冰		粒雪		裸岩		阴影区裸岩		阴影区雪或蓝冰	
	ρ	SD	ρ	SD	ρ	SD	ρ	SD	ρ	SD	ρ	SD
波段1	0.842	0.042	0.862	0.331	0.955	0.023	0.226	0.100	0.170	0.023	0.390	0.100
波段2	0.786	0.060	0.812	0.312	0.920	0.039	0.202	0.091	0.102	0.016	0.273	0.101
波段3	0.686	0.084	0.752	0.293	0.904	0.032	0.199	0.092	0.064	0.013	0.203	0.109
波段4	0.482	0.138	0.635	0.255	0.865	0.027	0.201	0.094	0.037	0.014	0.148	0.112
波段5	0.019	0.014	0.034	0.017	0.082	0.014	0.179	0.083	0.011	0.008	0.013	0.013
波段7	0.014	0.010	0.024	0.012	0.061	0.011	0.152	0.073	0.011	0.010	0.010	0.009
像元总数	725 602		1 043 039		4 759 091		476 304		64 886		64 217	

　　表4.1显示了6种地物类型，粒雪在近红外波段（波段1～4）的表观反射率最高，而阴影区裸岩的表观反射率最低；这两种地物类型的表观反射率存在轻微的波动，因而标准差比较小。平滑蓝冰与粗糙蓝冰的表观反射率是第二高的，但是粗糙蓝冰由于粒雪和蓝冰在像元中存在混合，因而表观反射率的范围变化更大，标准差也更大。阴影区雪或蓝冰的表观反射率均较低，但是，从波段1到波段4，其表观反射率连续降低，这个特性与平滑蓝冰、粗糙蓝冰、粒雪和阴影区裸岩相一致。在短波红外波段（波段5和波段7），岩石的反射率最高，这些结果与LIMA数据集中的兰伯特冰川流域数据结果保持一致[119]。

　　表4.2列出了在平滑蓝冰区域与粗糙蓝冰区域，R_{47}值均大于0.900（最小值为0.901），而粒雪的R_{47}值低于0.900（最大值为0.894），裸岩的低于0.500，阴影区裸岩与阴影区雪或蓝冰的R_{47}值存在很大的波动，最大值为0.973；导致范围大的原因主要与地形、雪粒径大小及对光的反射特性有关。从表4.2中可以看出，所有区域中平滑蓝冰与粗糙蓝冰的R_{47}值均大于0.900，是R_{47}值最高的地物类型。

　　表4.1和表4.2表明，由于阴影区雪或蓝冰像元容易被识别为蓝冰，因而值高于0.900的像元不能被分类为蓝冰。此前的研究表明，与粒雪（0.800～0.900）相比较，蓝冰的反射率（0.500～0.700）更低[77, 87–88, 91–92, 95]。因此，表观反射率可以被用来作为识别蓝冰区域的另一个标准。从表4.1中可以发现，波段3和波段4的反射率在6个波段中对于不同地物类型的区分性最好。其中，波段4的区分性最好。

表4.2 样本区域每种地物类型R_{47}值

ETM+ 影像	获取日期	平滑蓝冰	粗糙蓝冰	粒雪	裸岩	阴影区裸岩	阴影区雪或蓝冰
LE7023114000131850	2001−11−14	0.981	0.922	0.886	0.310	0.480	0.863
LE7051117000001650	2000−01−16	0.961	0.925	0.853	−0.084	0.449	0.964
LE7068110000132950	2001−11−25	0.946	0.907	0.870	−0.002	0.781	0.973
LE7094107000235550	2002−12−21	0.904	0.934	0.847	—	—	—
LE7110107000001450	2000−01−14	0.969	—	0.889	0.103	—	—
LE7124108000101850	2001−01−18	0.974	0.972	0.859	−0.215	—	—
LE7130112000235151	2002−12−17	0.955	0.935	0.876	0.028	0.305	0.876
LE7138107000232750	2002−11−23	0.928	0.908	0.821	0.349	—	—
LE7151110000131950	2001−11−15	0.958	—	0.868	−0.021	0.535	0.863
LE7160122000131851	2001−11−14	0.976	0.901	0.894	0.167	0.751	—
LE7174110000133650	2001−12−02	0.933	0.912	0.891	0.417	—	0.914
LE7173117000234850	2002−12−14	0.909	0.917	0.875	0.414	0.429	—
LE7218109000100451	2001−01−01	0.932	0.937	0.855	0.267	0.715	0.853
LE7231114000302150	2003−01−21	0.964	0.969	0.881	—	—	—
平均值		0.949 ± 0.024	0.928 ± 0.022	0.869 ± 0.020	0.144 ± 0.199	0.556 ± 0.162	0.901 ± 0.047

平滑蓝冰与粗糙蓝冰在波段 4 中的平均反射率（分别为 0.482 ± 0.138 和 0.635 ± 0.255）相比粒雪（0.865 ± 0.027）而言更低，而相比于阴影区雪或蓝冰（0.148 ± 0.112）而言则更高。图 4.2 给出了 14 个样本区域中 6 种地物类型表观反射率的最大值与最小值，同时清晰地显示了平滑蓝冰与粗糙蓝冰在 4 个波段上反射率的最大值与最小值比雪更大，同时也高于其他地物类型。蓝冰的最大反射率低于粒雪，波段 4 影像上的像元值为 0.30 ~ 0.70 的被识别为蓝冰。因此，R_{47} 值高于 0.900 及波段 4 的反射率在 0.30 ~ 0.70 的被识别为蓝冰。

从图 4.2 中可以看出，平滑蓝冰与粗糙蓝冰在光谱反射率上的差异非常小。因此，仅仅使用光谱特征信息将粗糙蓝冰区域中平滑蓝冰区分开是非常困难的。我们研究的重点是进行蓝冰制图以及获得冰流速与海拔的空间相关性，因而，对于蓝冰的类型，我们并不关注。

蓝冰在 82.5°S 以南的区域也有分布，这一区域因为 Landsat 数据并未覆盖因而采用 MOA 数据集中的 SGS 影像数据进行补充，当雪粒径大于 400 μm 时则被认定为是蓝冰区域[117]，所有的数据均利用 ENVI 软件及 IDL 处理完成。

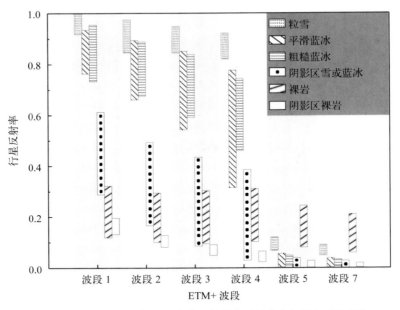

图 4.2　14个样本区域6种地表类型的最大反射率值与最小反射率值

每一个条形的上部即为表观反射率最大值，底部为反射率最小值

4.2.1　噪声消除

利用 R_{47} 值及波段 4 的反射率识别蓝冰，将结果影像转化为二进制影像。为了弱化影像中存在的"椒盐噪声"效应以便于生成更加真实的影像图，在影像中利用 5×5 窗口进行中值滤波。与线性技术相比，这种滤波方式对于像素值的快速变化不敏感；这种滤波方法可以移除"椒盐噪声"，并且可以保存影像中有价值的细节而不会明显地降低影像的清晰度。尽管在原来的影像中依然有一些噪声，但是这种方法在移除影像的噪声方面是十分有效的。

4.2.2　结果和讨论

我们的研究表明，全南极洲的蓝冰面积共计 234 549 km²，而其中位于 82.5°S 以南的 29 402 km² 区域是基于 MOA 中 SGS 影像获得的，而 82.5°S 以北的区域是利用 ETM+ 数据获得的。蓝冰区域通常分布于岸线与靠近裸岩的区域。图 4.3 显示了全南极洲及格罗夫山蓝冰区域的分布范围。其中，我们可以发现，格罗夫山区域在存在"椒盐效应"的 ETM+ 影像和经过 5×5 窗口的中值滤波之后的影像中存在巨大的差异，这表明滤波对于影像质量的改善是十分重要的。蓝冰制图的方法不同，其结果也会有差异。本章以波段比值为主要方法提取的蓝冰面积是 234 549 km^2，本书第 6 章使用分割方法提取的蓝冰面积为 225 937.26 km^2。两种方法提取蓝冰的理论基础是不一样的，因此结果有差异，请读者在使用数据时应知晓该差异的原因。。

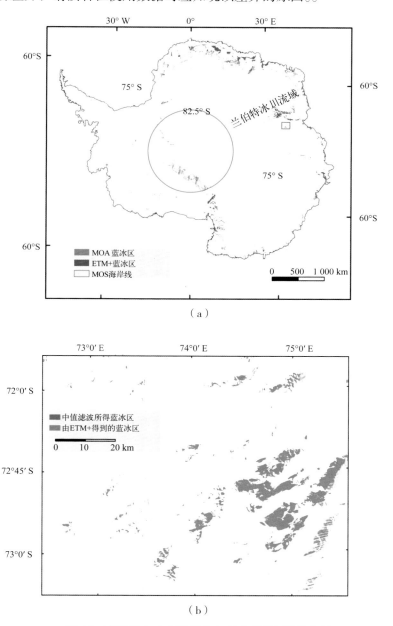

图 4.3 南极洲（a）与格罗夫山（b）蓝冰区域的分布

（a）图红圈表示的纬度为82.5°S，该纬度以南的区域无Landsat影像覆盖，该区域的影像为MOA数据集中的SGS数据，该纬度以北的区域为Landsat数据。（b）图中灰色区域为经过5×5个像元大小的窗口进行中值滤波后的蓝冰分布结果，而红色表示未经过处理的ETM+数据显示的蓝冰分布结果

4.2.3　精度评价

通过在南极进行野外调查来评估基于遥感数据进行蓝冰制图的精度是十分困难的，因而我们将近期出版的文献中的结果作为验证数据。基于 1980—1984 年获得的 NOAA AVHRR 数据，科学研究者发现了 6×10^4 km^2，最高可达 24.1×10^4 km^2 的蓝冰[78]。文献中获得的南极蓝冰面积为 24.1×10^4 km^2，这个面积与我们研究得出的 234 549 km^2 的蓝冰面积保持一致。基于 2001 年 1 月 18 日获取的 ETM+ 数据[118]及 2001 年 1 月 17 日的 MODIS 数据[118]，格罗夫山的蓝冰面积为 601.9 km^2。而根据 2003—2004 年夏季的 MODIS 数据[117]，获得格罗夫山的蓝冰面积为 745.3 km^2。我们研究发现，格罗夫山的蓝冰面积为 624.2 km^2，这与鄂栋臣等的研究[118]保持一致，但是 2003—2004 年的 MODIS 夏季数据的统计结果差值高于 100 km^2。Scambos 等[117]利用 MOA 数据集获得了蓝冰的 5 个区域，而在我们的研究中仅有 1 个蓝冰区域被发现（69.566 8°S，43.566 8°E）。其他 4 个区域未被发现的原因将在后文中进行介绍。

我们的研究结果与此前的研究结果存在差异的原因可以归结为蓝冰的分布范围发生了变化，也有可能是因为不同的分类算法、传感器不同的空间分辨率和时间分辨率造成的。

在风速、气温（太阳辐射）以及冰流速等因素的影响下，在 AVHRR、MODIS 和 ETM+ 影像上获得的过去几十年间蓝冰的面积已经发生了变化。从不同时间、不同的传感器获得的遥感影像上对于相同区域判定识别获得的蓝冰区域存在很大的差异。当强风将薄雪吹至蓝冰区域表面，将导致蓝冰的区域变小，而温度升高将使得表面的薄雪融化，蓝冰面积又将会扩大。蓝冰的季节性和年际性变化对蓝冰面积的变化影响很大，因而蓝冰的变化需要更为详细的研究进行证实。

AVHRR、MODIS 和 ETM+ 等传感器空间分辨率和光谱分辨率的不同也可能对蓝冰面积的计算产生影响。分辨率 1 100 m 的 AVHRR 影像和 250 m 的 MODIS 影像在像元中同时包含蓝冰和雪时，在计算蓝冰面积时可能被遗漏，也可能被参与计算，因此会造成蓝冰面积的低估或高估。然而，这些像元均可以在分辨率 15 m 的 ETM+ 影像上被清晰地识别。此前的研究表明，混合像元、冰裂隙和阴影导致研究获得的蓝冰面积与基于 NOAA AVHRR 数据[78]获得的蓝冰潜在最大面积存在差异。从表 4.1 中可以看出，6 个波段的 ETM+ 数据相比 2 个波段的 AVHRR 和 MODIS 数据在表面特征识别中更为敏感，这使得蓝冰可以从裸岩与粒雪中被容易地区分出来。ETM+ 传感器更高的空间分辨率和更好的光谱特性使得蓝冰更容易识别。未来，利用 16 bit 9 个光谱波段的 Landsat-8 卫星的 OLI 传感器数据，可以得到质量更高的南极洲蓝冰分布。

由于计算蓝冰时基于的假设和原理存在差异，因而根据不同的方法获得的蓝冰区域以及空间分布存在差异。总之，我们对于南极洲蓝冰的空间分布区域以及面积的估计相比于此前基于 AVHRR 和 MODIS 数据获得的结果更为精准。

4.3　蓝冰空间分布研究

基于 1999—2003 年的 ETM+ 数据获得的南极洲蓝冰区域占比为 1.67%，蓝冰在南极洲分布广泛，但通常分布于海岸线附近与多山的地区。图 4.3 中显示蓝冰主要分布在 4 个区域：维多利亚地、横贯南极山脉、毛德皇后地及兰伯特冰川流域，其他的蓝冰则在南极洲的其他地带零散分布。这些结果与其他研究结果保持一致[78, 99, 117–119]。这 4 个区域是高海拔的冰原岛峰或者是山峰的陡坡，或位于相对低的海拔上但存在冰川发生显著移动。蓝冰很少出现在西南极与南极半岛。这主要是因为这两个地方降雪多，雪的积累多，但是融化季节相对较短，而研究中所用到的数据主要是 LIMA 和 MOA 的在春季获得的数据。雪存在大量积累的地区在冬季、春季积累的降雪转化为冰之前需要经历一个升温融化过程。此外，风速和风向经常发生变化，而风的变化主要与天气系统有关。尽管我们可以利用夏季末期的数据来对蓝冰进行识别分析，但是此时由于升温导致雪融化为湿雪，这对基于本方法的识别工作带来困难，因此我们的研究结果显示，在西南极与南极半岛，蓝冰鲜有分布。

将蓝冰与 450 m 的南极冰流速数据[65]，以及 1 000 m 的 DEM 数据[127]进行分析发现（图 4.4），蓝冰表面质量平衡与冰流速特征紧密相关[128]。由于在不同的蓝冰、冰流速数据及 DEM 数据之间的地图比例差异巨大，冰流速数据中约 9 342 km^2 和 DEM 数据中约 151 22 km^2 的蓝冰区域在计算时被忽略，我们仅对蓝冰、冰流速和 DEM 数据存在重叠的部分进行统计分析工作。

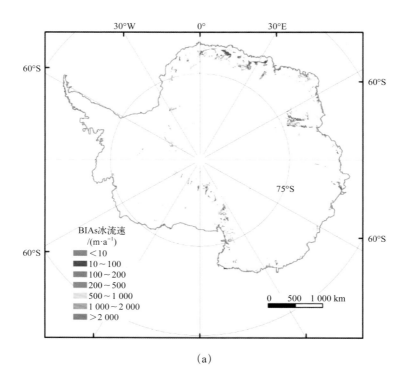

（a）

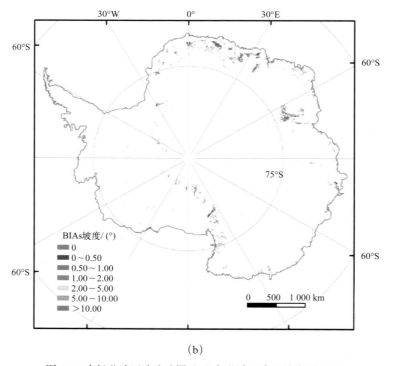

（b）

图 4.4　南极蓝冰区冰流速图（a）与蓝冰区表面坡度图（b）

表 4.3 表明，约 74.26% 的蓝冰的冰流速低于 100 m/a，其中约 50% 的部分冰流速低于 1 m/a；而 9.70% 的蓝冰的冰流速为 100 ～ 200 m/a；8.96% 的冰流速为 200 ～ 500 m/a，5.62% 的冰流速为 500 ～ 1 000 m/a；冰流速超过 1 000 m/a 的部分仅占约 1.46%。冰流速为 200 ～ 500 m/a 的区域位于罗斯海、沙克尔顿海岸、埃默里冰架、里瑟尔冰架和龙尼 – 菲尔希纳冰架，这些冰架的变化十分迅速。表 4.3 显示，54.24% 的蓝冰区域的表面坡度小于 1°；23.55% 的蓝冰区域的表面坡度为 1° ～ 2°；仅有 5.51% 的蓝冰区域的表面坡度大于 5°，这些区域主要位于横贯南极的山脉与维多利亚地。

表 4.3　不同类型蓝冰的面积、百分比、冰流速与表面坡度统计

冰流速 /(m·a⁻¹)	面积 / km²	面积百分比 /%	坡度 / (°)	面积 / km²	面积百分比 /%
<10	81 755	36.30	0	15 138	6.90
10 ～ 100	85 483	37.96	<0.5	40 487	18.45
100 ～ 200	21 844	9.70	0.5 ～ 1	63 395	28.89
200 ～ 500	20 186	8.96	1 ～ 2	51 226	23.35
500 ～ 1 000	12 653	5.62	2 ～ 5	37 082	16.90
1 000 ～ 2 000	2 087	0.93	5 ～ 10	6 433	2.93
>2 000	1 199	0.53	>10	56 66	2.58

冰流速高于 500 m/a 的蓝冰的表面坡度范围为 0° ～ 39.05°，但是其中有 96.65% 的蓝冰区域的坡度小于 5°，主要分布在冰架海岸线。这表明，高流速的蓝冰区域主要出现在表面坡度较小且较为平滑的地区。表面坡度大于 5° 的蓝冰区域的冰流速在 0 ～ 2 832 m/a，但是 95.27% 的蓝冰的冰流速低于 500 m/a。表面坡度高于 5° 的蓝冰与冰流速高于 500 m 的蓝冰零散地分布于全南极洲。表面平坦但冰流速较快的区域主要分布在冰架沿岸及陡坡处的蓝冰区域内。但是，冰流速低的区域主要分布在山脉附近。这表明，冰流速与表面坡度没有明显的关系，而与表面的粗糙度有关。

南极冰流速图和 DEM 的空间分辨率（分别为 900 m 和 1 000 m）相比蓝冰图（空间分辨率为 15 m）更加粗糙，60×60 个 ETM+ 影像的像元与南极洲冰流速图和南极洲 DEM 图的一个像元所覆盖的地面范围保持一致。因此，蓝冰的冰流速与表面坡度

的相关性只能在较低的空间分辨率上进行解释。统计结果的误差可能主要是由于不同数据集之间空间分辨率的巨大差异造成的。影像数据获取的日期也各不相同：ETM+数据为 1999—2003 年获取，冰流速数据为 2007—2009 年获取，得到的 DEM 数据为基于 1994—1995 年的 ERS-1 卫星的 SAR 数据、2003—2008 年 ICESat 卫星的 GLAS 数据生成。这些数据在时间上的差异导致蓝冰的位置存在差异，冰流速与 DEM 数据也会导致差异。

第 5 章
南极洲裸岩制图

南极洲 97% 以上地区常年被冰雪所覆盖，地表覆盖类型相对简单。根据研究目标的不同，冰雪可以进一步被细分类，包括冰盖、冰架、冰山等。除了分布广泛的冰雪地物以外，还包括蓝冰和裸岩两种主要的地表覆盖类型。因此，在许多研究中，南极地表覆盖类型又可以主要分为冰雪、蓝冰和裸岩三大类。裸岩是南极大陆底部基岩未被冰雪所覆盖的部分，约占全南极总面积的 1%。裸岩制图一直是南极遥感制图中必不可少的基础数据之一。由于南极地区遥感成像特点中较低的太阳高度角和起伏的地表特征，图像中伴随有不可忽视的阴影存在，这也成为影响裸岩信息提取精度的重要因素之一。根据分层分类法的研究思想，本章将裸岩提取分为完全出露的裸岩（即不受阴影影响的）和阴影下的裸岩，分别作为提取目标展开研究，在本章第 5.1 和 5.2 部分进行介绍。

作为南极地表典型地物之一，裸岩在遥感影像中有自己的特点。与蓝冰和粒雪不同的是，其在可见光波段具有较低的反射率、较高的吸收率，反射率特征在近红外波段到短波红外波段变化较小，这也使得在遥感图像上可以较容易地将裸岩与冰雪和蓝冰两种主要地物区分开。另外，裸岩面积的变化受季节影响较大，换言之，南极裸岩的面积并不是一成不变的，而是受到遥感数据获取时间的影响。因为不同获取时间下，裸岩会受风、季节性降雪或者表面积雪覆盖融化的影响而在遥感影像中有不同的表现，而这会给后续的图像分析与论证带来多大的影响尚未可知。因此，发展一种快速而又精准的裸岩提取制图的技术是极为重要的。本章主要介绍的是裸岩精确识别与自动提取方法的建立。

5.1 南极裸岩制图自动提取技术

5.1.1 裸岩自动提取指数的建立

5.1.1.1 南极地物光谱特征分析

遥感图像是电磁辐射与地表相互作用的一种记录。虽然每种地物都接收固定波长和频率的电磁波，但不同的地物之间由于物质组成、内部结构及表面粗糙度的不同而具有不同的电磁波谱特征，遥感技术正是通过传感器所接收到的探测目标的反射和发射的能量及电磁波谱的特征差异来识别不同的地物。南极地区恶劣的气候环境对野外实地考察造成了很大障碍，遥感技术就成为一种主要的观测和研究手段。通过对典型地物光谱特征的分析，建立与实测地面数据之间的关系，进而提高遥感图像解译和地物分类的精确度，成为有效提取南极地表信息的重要基础。此外，光谱数据对于遥感图像中混合像元的有效分解技术也十分关键：由于通过遥感图像获取的地物信息是以像元为单位记录的，与点状测量信息有着本质上的区别，当一个像元内出现不同光谱特征的地物信息，而每个像元则只用一个信号去记录时，这个像元被称作"混合像元（Mixed Pixel）"，对应的是几种不同光谱地物的综合特征。例如，本书研究内容中会遇到裸岩与冰雪、蓝冰等其他地物的混合像元，对于这些混合像元的有效分解是保证提取精度的关键，这就要求我们尽可能地获得"纯净"的地物光谱信息。

地物对太阳辐射的反射和散射能力随波长而变化的规律被称为地物的波谱特征，通常以波谱曲线的形式表现。而对于地球表面的大部分地物，通常都是假定目标具有朗伯体的特性以便于定性分析，实际上大部分地物都属于非朗伯体地物，波谱特征除了随波长变化以外，也受到空间方向的变化即地物的方向谱特征。这种空间变化特征一方面取决于地物本身的表面粗糙度，另一方面还受到地物的空间三维几何特征及其阴影的影响。其中，前者不仅与地物本身的表面特征有关，也与卫星成像的太阳高度角有关，例如，利用 ETM+ 影像对南极地区冰雪信息分析时，会发现冰雪的行星反照率在太阳高度角大于 31° 之后反而会随着角度升高而减小，因此必须消除非朗伯体反射的影响，恢复到真实的行星反射率值[9]；而南极地区的裸岩地物与大面积的冰雪的反射率差异较大，可接近于理想漫反射体，因此裸岩地区能够较好地保持原有的大气表观反射率和行星反射率。而后者是由目标地物 – 太阳 – 传感器之间的空间关系所决定，对于以往的 Landsat 系列卫星而言，由于采用垂直俯视地面的扫描姿态，在轨道设计上尽量采用最佳辐照效果的地方时成像，此时一般地物的阴影面积较小、不易察觉，对目视解译也不会有显著影响，因此通常被忽视处理；但在高纬度的南极地区，卫星成像时伴随着较低的太阳高度角，因此山脉和云产生的阴影影响则不可忽略。

国际上关于全球地表覆盖基础数据的研究已经臻于成熟，各种典型的地物类型如植被、土壤、岩石等的光谱数据库也逐渐完善，如由美国地质调查局发布的地物反射光谱库，包含了 0.2 ～ 3.0 μm 的 447 个样本的 500 个光谱集合；由美国的喷气推进实验室（JPL）、约翰普霍金斯大学（JHU）和美国地质调查局（USGS）联合完成的 ASTER 光谱库，覆盖了波长范围在 0.4 ～ 15.4 μm 的超过 2 300 个光谱的集合，新版本（图 5.1）中主要增加了矿物和岩石的光谱特征；然而受南极地区实测条件的限制，现有的光谱数据库中依然缺乏该地区详尽的地物光谱信息，但随着科学考察活动的不断进行与积累，也不断有研究对极地区域的光谱信息进行补充和完善。其中，冰雪在 Landsat 和 MODIS 卫星数据中的光谱特征是主要的研究内容，南极大陆的冰雪表面光谱特征已经进行了细致的分类研究，指出冰雪的光谱特征受颜色、表面粗糙度、透明度和气泡性状的影响而不同；海冰光谱特征的研究开展也较为广泛，而对于南极大陆地区的其他典型地物的光谱特征研究则开展的较少。

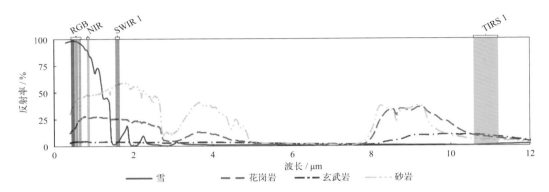

图5.1　来自ASTER光谱库v1.2中的雪和3种典型的岩石类型——花岗岩、玄武岩和砂岩的光谱反射率数据特征曲线

归一化雪被指数（Normalized Diffence Snow Index，NDSI）被用于判别云的存在，原理是基于云和雪在绿波段即 OLI 的波段 3 具有相似的反射率特征，而在波段 6 云具有高反射率，而雪则具有较低的反射率，根据此特征，当（−0.25）< $NDSI$ < 0.7 时，则判定为可能的云；当 $NDSI$ > 0.8 时，认为可能为雪或冰。该指数正是利用雪在绿波段和短波红外波段的差异特征构建，与此同时，根据 ASTER 光谱库中的典型岩石与雪的光谱特征，如图 5.1 所示，ADD 利用该方法进行了裸岩自动提取技术的研究，发现 $NDSI$ 在阈值为 0.6 时，裸岩和云出现了混淆，云被错误地提取为裸岩地物（图 5.2）；即使后续利用 TIR1 波段与蓝波段的比值进行去云处理，但也因为分辨率的不同造成了后续地物细节特征的损失和混合像元的误提。

NDSI 用于提取冰雪信息和判别云时具有明显的优势，因此其常被用于区分冰雪与其他地物。然而，对于南极裸岩地物信息的提取而言，除了要考虑与冰雪的区分、排除云的影响，也要考虑其他地物类型可能存在的影响（如蓝冰、冰面融池等）及阴影存在的影响。此外，建立一种普适性较强的高精度裸岩自动提取算法也要考虑不同岩性在各波段的反射率总体特征，NDSI 通常在小范围和低纬度区域研究时具有较好的表现，但在大尺度、广范围、数据量多的影像处理方面，阈值却往往难以统一，这给自动化研究提出了挑战。但由于南极地物类型相对简单，因此往往采用与其他方法并行处理的方式来实现自动化。

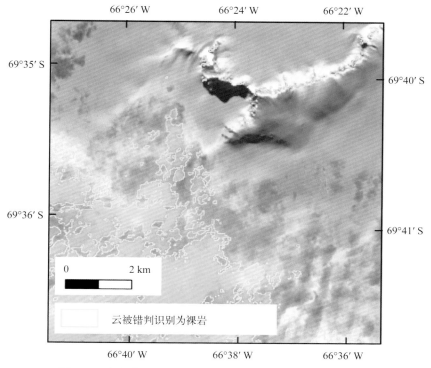

图5.2　云与裸岩发生混淆图示（当*NDSI*提取裸岩阈值为0.6时）

南极地物实测光谱数据表明，冰雪的光谱反射率整体上是随着波长的增加而逐渐降低的，一般有 4 个反射峰、4 个吸收谷及 1 个拐点，雪在可见光、近红外波段具有较高的反射光谱，在短波红外具有两个反射高峰，蓝冰的整体趋势与冰雪相近但又有差别，它在红光、近红外波段反射率大大降低，在短波红外波段的反射率比雪更低；而裸岩在可见光部分强烈吸收太阳光，而在近红外至短波红外波段，反射率却大大高于雪与蓝冰，因此，可以通过裸岩在近红外和短波红外的光谱特征有效区分裸岩与其他两种地物。裸岩的光谱特征是区分裸岩与其他地物的重要特征和依据。裸岩在可见光波段的反射率显著低于冰雪和蓝冰等其他地物类型，在 Landsat-8 卫星影像中，当波段组合为 432 真彩色组合时，裸岩表现为颜色较深的深褐色地物，冰雪为白色，蓝冰为浅蓝色；而在 752 波段组合中，裸岩表现为颜色鲜艳的红色，冰雪为浅蓝色，蓝冰呈现深蓝色（图 5.3）；这一差异性特征从遥感图像中目视解译即可得到较明显的区分，为裸岩的自动化提取提供了优势。

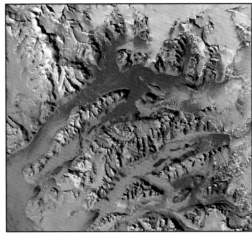

图5.3　裸岩在Landsat-8卫星遥感图像中的特征

左图为432波段组合，右图为752波段组合（数据名为LC80561162013334LGN00）

5.1.1.2　训练样本的选取与评价

在研究中通常将遥感图像分类中的监督分类方法与多波段指数法相结合，建立裸岩自动识别与提取的方法。监督分类是通过人工选取每一种地物类别的一定数量的训练区，通过对训练区的统计分析，按照不同规则将其划分到和其最相似的样本类中。训练样本的选取是监督分类方法的关键，通常训练样本可由两方面获取：一是通过实地采集获取样本数据；二是由人工目视解译判读于屏幕上进行。由于南极地区野外实地测量受限，目视判读成为首选方法。

根据裸岩的地物光谱特征和 Landsat-8 卫星遥感影像的新波段特征，本书综合考虑了太阳高度角和数据获取时间等因素，选取了 10 景位于南极不同地区的 Landsat-8 影像作为训练样本，样本的空间分布如图 5.4 中黄色矢量所示；数据的属性特征如表 5.1 所示，数据获取日期涵盖了 11—12 月和 1—2 月，即南极夏季的主要时间跨度，太阳高度角涵盖了主要的分布范围。根据目视判读，在每一景训练样本数据中，地物被分为粒雪、蓝冰、裸岩三大类。需要说明的是，本章节主要考虑了目视解译中最主要的 3 种地物类型，提取目标裸岩为完全裸露的基岩部分，尽管图像中有裸岩的地方会伴随有阴影的存在，有部分裸岩位于阴影中会影响信息提取，后续将单独对阴影部分进行提取与分析；其他可能会影响裸岩提取精度的因素包括云和水体的影响，均进行单独的处理和说明。

面粗糙度或雪粒径、形态的影响也不相同。在利用监督分类法的思想对裸岩光谱特征进行分析的基础之上，裸岩提取指数（Normalized Difference Rock Index，NDRI）的提出和方法理论是根据已有的归一化植被指数（Normalized Difference Vegetation Index，NDVI）建立的。建立裸岩提取指数的关键在于，如何有效地综合利用光谱信号特征选取波段，在增强提取裸岩地物信息的同时，使得其他地物信息信号与裸岩形成强烈反差以区分开。根据统计结果，裸岩在 NIR 波段——波段 5（对应 ETM+ 的波段 4，Landsat-8 波段范围发生变化）的反射率达到最大值，但取值仍介于粒雪和蓝冰之间（低于粒雪，高于蓝冰），而在 SWIR2 波段——波段 7，裸岩的反射率仍处于相对稳定且较高的水平，蓝冰和粒雪的反射率都降为较低水平，可以近似认为是常数，这种差值特征可以将裸岩与其他地物区分开来。当选择 752 波段组合显示图像，裸岩作为红色地物在图像中清晰可见，蓝冰为深蓝色，粒雪为较浅的湖蓝色，目视解译 3 种典型地物能够较好地区分开（图 5.5）。结合光谱特征，选择 NIR 波段和 SWIR2 波段作为区分裸岩与其他地物的波段，采用多波段归一化差值比值法识别裸岩地物，构建裸岩提取指数，公式如下：

$$NDRI = \frac{\rho_{NIR} - \rho_{SWIR2}}{\rho_{NIR} + \rho_{SWIR2}} \tag{5.1}$$

式中，ρ_{NIR} 和 ρ_{SWIR2} 分别为经过反射率计算后的两个波段的结果，以反射率进行归一化比值计算可以消除大气对两波段非线性衰减的影响。

5.1.1.4 裸岩自动化提取算法的实现

要想实现全南极裸岩的自动提取，必须建立一种普适性较强的、统一阈值提取的方法，而统一的阈值须综合考虑不同区域、不同获取时间、不同太阳高度角等因素的影响，对整个南极洲各个区域样本数据的采样，取平均值处理。在进行了综合考虑和训练样本选取之后，还要对建立的指数结果进行统计分析。通过 ENVI 中的波段运算工具（Band Math），对影像进行 NDRI 的计算，得到如图 5.9 所示的结果，图中裸岩表现为深黑色像素，而粒雪与蓝冰表现为浅灰白色，同时注意到由于图像中存在厚云，与裸岩地物取值较为接近，这将在后续进行专门的处理与讨论。通过对所有训练样本的 NDRI 计算后，进行取值的特征分析和范围统计，得到各类地物的 NDRI 在各波段的最大值、最小值、平均值和均方差信息，如图 5.9 和图 5.10 所示，按照这个方法记录 10 景训练样本的 NDRI 的统计信息，取平均值后得到统计直方图（图 5.10）。

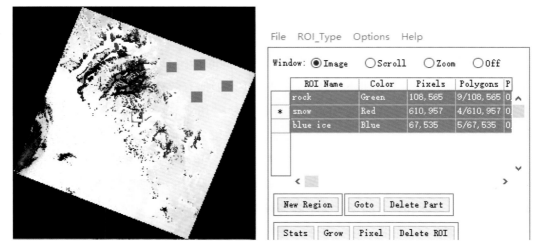

图5.9　NDRI结果图与相同感兴趣区覆盖图

从图 5.10 可以看出，NDRI 可以很好地将裸岩与其他两种地物区分开，但也不排除人工目视判读时存在的混淆像元。为了保证"纯净"像元的取值特征在一定范围内，以确保建立普适性的提取阈值，本书在确定地物提取阈值时，在最值区域进行了异常值像元的剔除。剔除规则为反射率取值范围边缘连续出现个数为 1 或 0 的像元，最终由统计结果可以确定 NDRI 阈值为 –0.213 ～ 0.667。

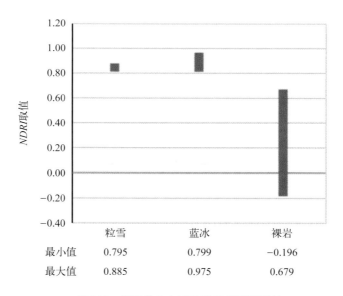

图5.10　训练样本中NDRI的取值范围统计

5.1.2　影像云检测与云去除

　　虽然我们选取的大多数是无云的数据，但仍有少部分数据有云存在，例如图 5.11（a）景影像中，左下角就存在较厚的云。也可以看出，云在 752 波段组合的色彩与裸岩相近，在提取裸岩时也极易发生混淆，因此去除此类厚云的影响对于裸岩自动提取的精度至关重要。通过选取训练样本，分析云和裸岩在各波段的反射率特征，发现在波段 1，裸岩与云的差异较大，因此这里采用单波段去除法对云进行去除，去除阈值为 3 000，公式为（$b1 > 3\ 000$）$\times 1+$（$b1 < 3\ 000$）$\times 0$。去云后的结果如图 5.11（c）中所示，已经较好地与裸岩地物区分开，最后结果中仍未二值化的影像与裸岩提取结果进行逻辑乘运算，即可去除掉其中大部分云，但对于少数薄云，该方法并不能全部有效去除，这就要求我们对后续存在云的图像进行手动去除。

（a）原始影像752波段组合

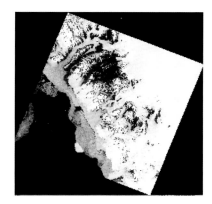
（b）波段1

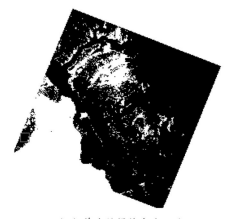
（c）单波段阈值去除云后

图5.11　云去除前后对比

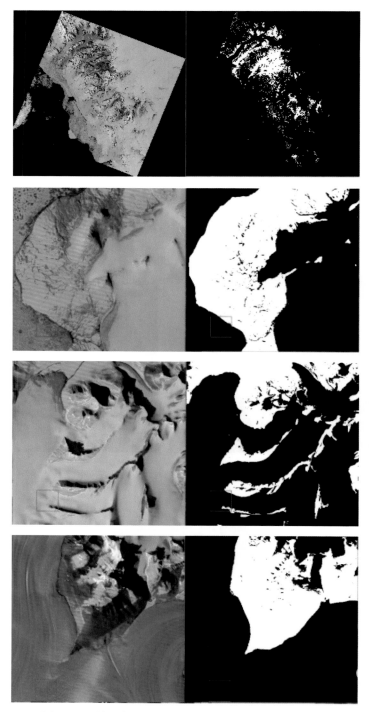

图5.12　原始影像752波段组合和裸岩提取二值化结果对比

5.1.3 裸岩提取结果分析

这里以一景数据为例说明裸岩提取结果。经过 NDRI 计算和阈值提取后，得到的是二值化结果，值为 1 的为裸岩，其他非裸岩区域为 0。其中原始图像中红色为裸岩地物，经过云去除后的最终裸岩提取结果如图 5.13 所示，可以看出，裸岩信息可以被完整地提取出来，对细节、纹理等信息也有较好地保留。

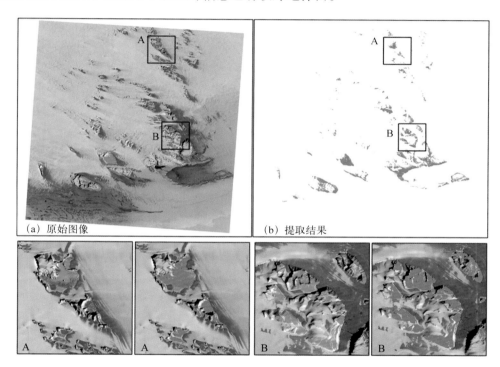

图5.13　原始影像（a）与裸岩矢量叠加图（b）

下方小图为局部裸岩提取结果的放大对比图

5.1.4 精度验证

为了做定量评估，需要建立混淆矩阵，通过生产精度、用户精度和总体精度 3 个评价指标来评估结果的有效性。因为我们提取的结果为二值化图像（0 和 1），所以在评估过程中，只有两类地物，1 为裸岩，0 为非裸岩。我们选取了 11 景南极不同区域、不同获取时间的代表性数据（表 5.3）。为了与训练样本数据区分开，分布图（图 5.14）中以红色点状矢量表示，利用随机取点法产生了 10 600 个验证点。表 5.4 中给出了验证结果，裸岩提取精度较高，生产精度为 90.59%，用户精度为 94.93%。相对于大面积存在的冰雪，裸岩只占极少的一部分，在图像中也是如此，因此总体精度并不作为主要的评价指标，即使裸岩精度不高，也会由于非裸岩区域的高精度使得总体精度获得很高结果。

表5.3 选取的11景验证数据信息表

数据 ID	Path	Row	获取日期	成像时间	太阳高度角
LC81431082013352LGN00	143	108	2013−12−18	05:28:55.7134681Z	37.062 200 44
LC82141102013353LGN00	214	110	2013−12−19	12:48:29.9489763Z	34.628 857 36
LC82081132013343LGN00	208	113	2013−12−09	12:12:45.4522249Z	30.706 871 13
LC81651102014045LGN00	165	110	2014−02−14	07:45:03.2642536Z	23.463 259 88
LC80671112013363LGN00	67	111	2013−12−29	21:40:21.3341471Z	32.830 0787 4
LC81561112013331LGN00	156	111	2013−11−27	06:50:35.7316578Z	31.891 132 67
LC80631142014002LGN00	63	114	2014−01−02	21:16:47.5483039Z	28.782 519 38
LC81271122014035LGN00	127	112	2014−02−04	03:51:10.3477891Z	24.222 153 17
LC82071182013336LGN00	207	118	2013−12−02	12:08:35.8755038Z	23.690 840 95
LC81261102013361LGN00	126	110	2013−12−27	03:44:36.5574870Z	34.267 248 34
LC81741172014044LGN00	174	117	2014−02−13	08:43:28.7905612Z	15.285 735 22

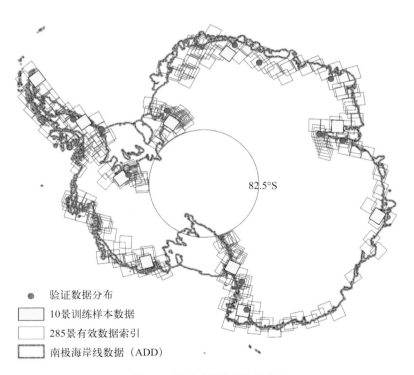

图5.14 精度验证数据空间分布

表5.4　裸岩自动提取方法精度验证混淆矩阵

类别	裸岩	非裸岩	总计	用户精度	生产精度	总体精度
裸岩	84	12	96	94.93%	90.59%	99.47%
非裸岩	4	9 900	9 904	99.63%	99.81%	—
总计	88	9 912	10 000	—	—	—

5.2　阴影下南极裸岩制图研究

南极地处高纬度地区，由于此地卫星成像的太阳高度角较小以及起伏的裸岩山体等地形的因素，光学遥感影像中常伴有阴影的存在。分布广泛而分散的阴影对南极地表信息提取和解译、南极冰盖流速的精度、数字摄影测量的精度以及后续的图像分类和数据产品精度等会产生一定的影响。精确识别裸岩地物与其他地物（冰雪、蓝冰等）的主要问题在于，由于纬度高、太阳高度角小以及不可避免的阴影等因素，使得一部分位于阴影中的裸岩较难以被识别，广泛存在的阴影现象使得南极地表信息提取和解译存在困难，容易造成误分。而位于阴影区域之中的地表类型主要为岩石和积雪，阴影中的裸岩和积雪也难以被区分开。此外，南极半岛等云覆盖较为严重的区域，云的存在也对提取裸岩地物造成了一定影响。

与此同时，通过阴影的形态特征可以反推出光源的空间信息；在数字三维建模中加入阴影也可提升空间立体感。阴影检测不仅是遥感图像处理中的重要组成部分，在南极遥感图像处理和后续研究工作中也是重要的基础材料。

目前，已有一些研究明确提出阴影的存在影响遥感影像上南极地表信息提取的问题，但并未有关于南极地区阴影影响的定量评估和专门的研究分析。在南极裸岩提取中，以往的数据产品也并未对阴影部分裸岩情况进行说明。阴影造成的裸岩和冰雪两种南极地表信息因信息不足而难以区分，同时又难以取得验证数据。在 2016 年 ADD 数据以及更新的裸岩数据产品中，首次考虑了阴影部分裸岩的提取，然而阴影部分的裸岩提取结果仍存在一定数量的错误且并未给出单独的评估，难以解译的阴影信息造成南极地区的信息提取精度受到限制。

阴影检测方法发展至今，主要可以分为两类：一种是基于阴影特征的方法，也是当前主流的方法，该方法根据阴影在遥感图像中的辐射光谱特征信息进行检测，包括基于直方图阈值的方法、基于 HIS 色彩空间模型以及面向对象的分割方法、基于遥感多波段阈值的方法等；另一种是基于模型的阴影检测方法，是通过地物几何特征计算得到阴影信息，理论上要求借助 DEM 数据或精确的 3D 模型以及太阳入射方向等传感器参数等来计算阴影范围，该方法涉及大量不易获取且计算复杂的辅助参数，有一定的局限性。卫星遥感影像的阴影检测技术已经发展了近 30 年，但这些方法从来没有应用于南极地区。目前,南极地区的阴影检测相关工作开展也较少。对于南极阴影检测,必须结合南极地区的区域性特点和卫星成像特点。

5.2.1　阴影检测算法

5.2.1.1　阴影特征分析与阴影检测算法

研究中选取了 5 景位于南极不同地区的卫星影像作为训练样本数据，将地物分为粒雪、蓝冰、裸岩、阴影、冰面融池五大类，通过在影像中选取各个地物的训练区域进行反射率数值统计。将所有训练样本数据得到的统计结果进行统计与取均值，得到各个地物在各个波段的反射率平均值和标准差（图 5.15）。由图 5.17 可看出，粒雪在波段 1 ~ 5 的取值都较高，在波段 6 和波段 7 反射率较低；蓝冰、冰面融池均是在波段 1 反射率最高，随着波长变长而逐渐递减，在波段 6 和波段 7 反射率最低；裸岩在各个波段的反射率都处于较低水平且整体取值变化不大；而阴影区域则具有以下特征：①反射率取值整体偏小，特别是在波段 5，与粒雪和蓝冰反射率相差很大；与裸岩整体取值相差接近，但在波段 1 高于裸岩而在波段 5 开始出现大的差异；②反射率在波段 1 达到最大值，随波长变长逐渐降低，并且相比其他地物类型，在波段 1 和波段 5 差值较大；③与冰面融池在波段 1、波段 4 上差异较大。考虑到阴影中所覆盖的区域可能包含粒雪、蓝冰和裸岩等地物的混合物，虽然反射率特征表现均为较低水平但仍会有所细微差异，因此本书在选取训练样本的时候将这些可能的地物都予以考虑在内进行选取，得到的阴影区域的反射率取值范围包含了诸多可能地物在内的反射率取值范围。这里以一景数据为例说明数据处理过程，该景数据获取时间为 2014 年 2月 9 日，成像区域位于东南极 Amery 地区，影像中包含了南极的几种典型地物，包括粒雪、蓝冰、裸岩、阴影及冰面融池。

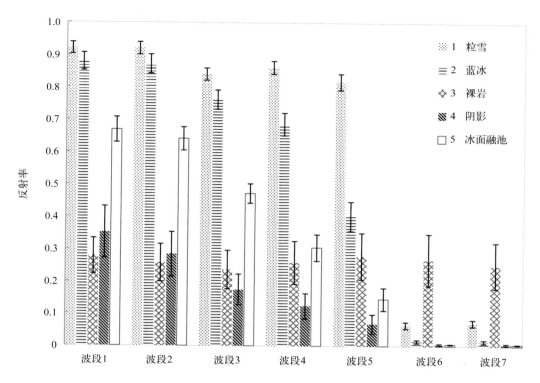

图 5.15　各地物的训练样本在EPM+各波段的反射率的均值和标准差

　　在已有的阴影检测方法基础之上，结合地物光谱曲线，通过分析阴影在 Landsat–8 影像中各波段的反射率取值特征，本书选取了 Landsat–8 数据中的波段 1 和波段 5 建立阴影提取指数（R_{51}），定义阴影检测指数为

$$R_{51} = \frac{\rho_5 - \rho_1}{\rho_5 + \rho_1} \qquad （5.2）$$

　　R_{51} 主要用于区分阴影与粒雪、蓝冰和裸岩 3 种南极洲最主要的地物，而对于冰面融池与阴影特征易混淆的问题，本书将单独进行区分。通过波段运算，得到 R_{51} 结果；并根据训练样本计算得到粒雪、蓝冰、裸岩和阴影（包含易混淆的冰面融池）地物的 R_{51} 取值范围（图 5.18），从而确定阴影提取阈值。从图 5.16 中可看出，R_{51} 可以有效地将阴影与其他 3 类地物类型区分开。

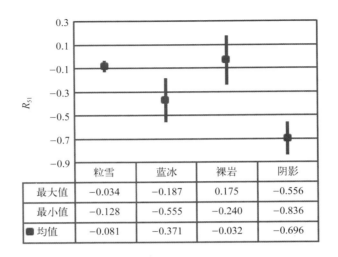

	粒雪	蓝冰	裸岩	阴影
最大值	−0.034	−0.187	0.175	−0.556
最小值	−0.128	−0.555	−0.240	−0.836
■均值	−0.081	−0.371	−0.032	−0.696

图 5.16　3种地物与阴影的R_{51}指数取值范围

由于考虑到裸岩上方会有少量积雪，在人工目视解译确定训练样本的时候有可能会将极少数雪与其他地物误分，另外阴影的边界也容易与其他地物混淆，因此在确定地物提取阈值时，本书在阈值范围的最大值和最小值两端做了可能性误判像元剔除。剔除规则为像元个数不大于 1 或个数连续出现 0 的情况下，本书认为出现了可能性像元误判，进行剔除，最终确定 R_{51} 的阴影提取的阈值为 −（0.836 ~ 0.556），提取结果为二值化图像，提取阴影目标值为 1，其他为 0。

5.2.1.2　阴影与冰面融池的区分

南极大陆表面的冰面融池是指在极昼的阳光照射下，覆盖在南极大陆表面的积雪渐渐融化，在洁白的冰面上形成许多大大小小、造型各异的水洼现象，在遥感图像中表现为深蓝色地物（752 波段组合），如图 5.17（a）所示。R_{51} 在进行阴影提取时，阴影与冰面融池出现了地物混淆，从二者在各波段的反射率均值特征曲线［图 5.18（a）］中可以看出，波段 1 ~ 5 冰面融池的反射率均值都是高于阴影的，实际上在这 5 个波段中二者的反射率取值范围都有部分重叠，造成了二者难以区分；但标准差曲线显示了各波段反射率取值的离散特征，即分布特征［图 5.18（b）］，根据二者在波段 1 和波段 4 的反射率标准差曲线，即波段 1 阴影高于冰面融池，波段 4 阴影低于冰面融池，结合反射率均值特征，即可区分阴影和冰面融池。研究中本书利用这两个波段反射率差异比值特征，构建公式（$b4-b1$）/（$b4+b1$）$< T$，实验确定阈值 T 为 -0.424，用以剔除冰面融池的干扰，结果同为二值图，阴影为 1，冰面融池为 0。

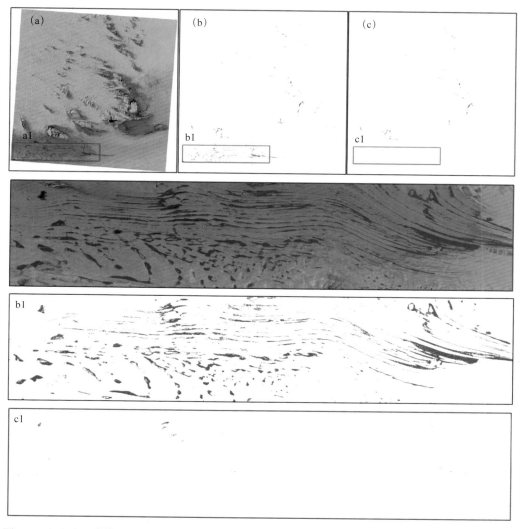

图 5.17　（a）为 L8 影像 752 波段组合图，红色线框部分为冰面融池集中区域；（b）为 R_{51} 阴影检测结果，阴影和冰面融池都被检测出；（c）为去除冰面融池后的结果，其中红色线框区域为该景数据中冰面融池集中出现的地区；a1、b1、c1 分别是 3 个图像红框区域的局部放大图

对反射率图像进行 R_{51} 阈值提取、冰面融池排除两步处理后，各生成一个二值化图像，将两个图像进行逻辑并运算，得到最终的阴影提取结果。

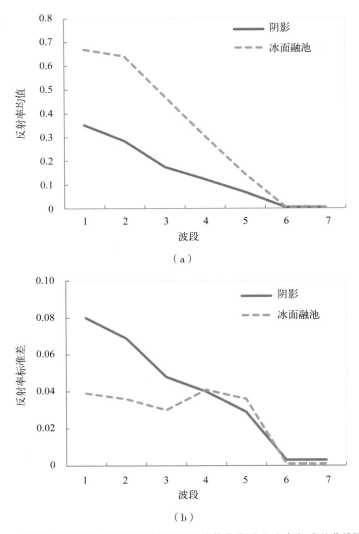

（a）

（b）

图 5.18　阴影与冰面融池的反射率在各波段的均值曲线图（a）与标准差曲线图（b）

5.2.1.3　阴影提取结果的精度验证

精度评价混淆矩阵如表 5.5 和表 5.6 所示，对于本书提取的阴影地物类型，生产精度表示有多少阴影被正确地提取了出来，用 P_S 表示，非阴影则用 P_N 表示；用户精度表示提取的阴影结果与实际地物相比有多少是正确的，用 U_S 表示，非阴影用 U_N 表示；而总体精度表示阴影和非阴影被正确提取的概率，用 τ 表示；F-score 是召回率和正确率的调和平均值，是衡量二者平衡水平的一个指标。

表 5.5　试验区阴影检测与提取精度评价统计

图 5.6 实验区	生产精度 / %		用户精度 / %		总体精度 / %	F-score
图像 a	P_S	P_N	U_S	U_N	τ	
a1	100	100	100	100	100	100
a2	100	100	100	100	100	100
a3	98.67	100	100	99.77	99.80	99.33
a4	98.00	100	100	99.78	99.80	98.99
a5	98.18	100	100	99.78	99.80	99.08
平均值	99.07	100	100	99.86	99.88	99.53

表 5.6　其他试验区阴影检测与提取精度评价统计

其他实验区	生产精度 / %		用户精度 / %		总体精度 / %	F-score
图像名称	P_S	P_N	U_S	U_N	τ	
LC82191102014039LGN00	99.62	100	100	99.94	99.95	99.81
LC82151162013344LGN00	93.72	100	100	98.71	98.92	96.76
LC81631112014047LGN00	93.60	100	100	98.74	98.93	96.69
LC81301102014040LGN00（含有冰面融池）	79.82	99.90	96.81	99.21	99.13	87.50
总体平均值	93.17	99.98	99.36	99.29	99.36	96.06

　　为了验证本书的阴影检测方法在全南极阴影提取中的普适性，选取了 5 景分别位于南极不同地区的单景数据进行精度验证。以 1 景数据为例进行说明，该图像位于维多利亚地区（158.68°—168.70°E，76.63°—79.58°S），如图 5.19（a）所示，成像时间为 2013 年 11 月 30 日，根据阴影分布特征均匀选取 5 个实验区，在每个实验区中根据阴影数量随机取点 300～500 个，进行精度验证；其他验证影像采用相同方法进行取点验证，共计 12 500 个随机验证点，精度验证结果如表 5.6 所示。将各个验证影像进行精度验证后，对所有结果进行统计得到总体精度平均值。其中，针对性地选取存在易与阴影发生混淆的冰面融池区域进行了结果验证；验证结果表明，仍然有极少数冰面融池被误提，同时由于剔除冰面融池时所设定的阈值造成了少部分阴影被漏提的现象，从而成为影响阴影提取精度的主要因素。

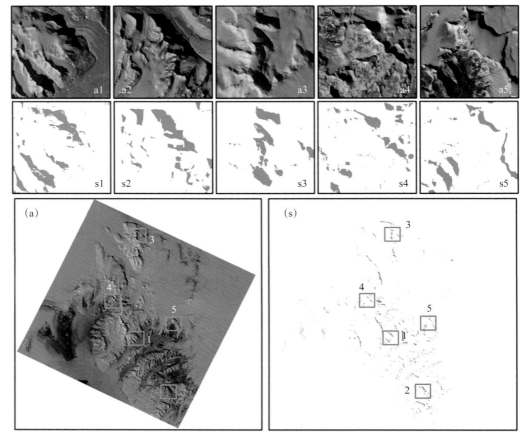

图 5.19　实验影像与阴影提取结果图

图（a）（图像名称为LC80561162013334LGN00）为反射率影像的752波段组合，图（s）为阴影提取结果，图a1～a5分别为图a中绿色方框所标识的验证区域的放大图；图s1～s5分别为图s中阴影结果中红色方框标记的验证区域放大图

5.2.1.4　南极阴影特征分析与定量评估

利用本书建立的阴影检测方法，对覆盖整个南极大陆的 1 127 景 L8 数据（82.5°S以南无数据覆盖），进行可能存在的阴影提取，数据处理过程通过 ENVI-IDL 编程实现。考虑到由于原始数据获取时间、太阳高度角及太阳辐照度等不同，每景数据以 DN 值存储时存在较大差异，从而可能造成阈值提取的差异和误差，因此本书在预处理阶段对所有数据进行了反射率计算，后续所有的处理都是基于反射率数据进行的。这样做的优势在于消除了该种误差，每景数据以反射率取值作为后续方法的建立、统计和分析，再通过不同训练样本取反射率均值而得到的阈值，较好地适用于所有反射

率数据中的阴影提取，提高了该方法的普适性。此外，考虑到只有极少数地区分布
有冰面融池，本书首先对整体图像进行阴影提取，随后再根据影像地区分布进行可
能的冰面融池排查剔除工作。输出结果中有 285 景数据有阴影存在，将有阴影存
在的影像进行拼接。提取边缘用 ADD 数据产品南极海岸线数据作为 MASK 进行
了切割处理。为了突出阴影的分布特征，对提取出的阴影矢量图层边框做了加强
处理（图 5.20）；挑选了阴影主要存在的几个区域的局部放大图：南极半岛的 a
区域、毛德皇后地的 b 区域、兰伯特冰川附近的 c 区域和维多利亚地的 d 区域作为
展示（图 5.21 至图 5.24）。

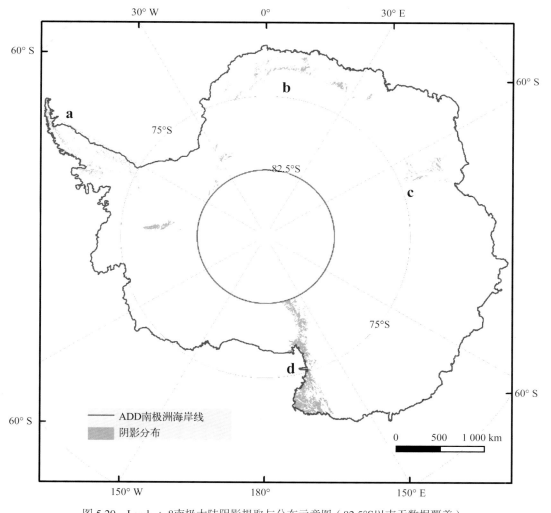

图 5.20　Landsat-8南极大陆阴影提取与分布示意图（82.5°S以南无数据覆盖）

其中，a、b、c、d为裸岩主要分布区域；为渲染整个南极洲阴影分布，主图中矢量图层的边框被赋值

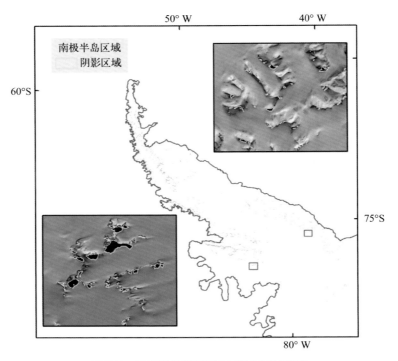

图 5.21 南极半岛阴影提取结果与局部特征

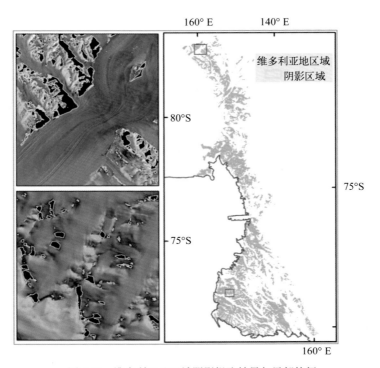

图 5.22 维多利亚地区域阴影提取结果与局部特征

阴影地区，依然可以发现岩石的反射率显著低于冰雪的反射率。因此，研究中通过目视解译判读的方法结合随机取点验证的方法，可以进行阴影裸岩提取方法的精度验证。为了精确评估，本书选取了分布于不同区域的、包含有裸岩和阴影地物的 11 景影像，随机产生了 10 000 个验证点，建立了混淆矩阵进行精度验证，其中行表示的是参考底图的真实值，列代表的是本书提取的结果。需要说明的是，由于阴影地区只占南极地区的极少部分，在一景图像中也只是占了极少比重，考虑到结果是二值化图像，阴影裸岩与非阴影裸岩两种地物被作为精度验证对象，相对于非阴影地区的其他地物而言，阴影地区的裸岩数量比重非常小。因此，即使阴影裸岩的提取结果较差但非阴影地区的精度较高将会导致总体精度出现较高结果，本书主要参考生产精度和用户精度两个评估指标，如公式（5.3）和公式（5.4）所示。

$$\text{阴影裸岩生产精度} = \frac{\text{阴影裸岩}}{\text{阴影裸岩} + \text{漏提的阴影裸岩}} \qquad （5.3）$$

$$\text{阴影裸岩用户精度} = \frac{\text{阴影裸岩}}{\text{阴影裸岩} + \text{错提的阴影裸岩}} \qquad （5.4）$$

结果表明，本书提取的阴影地区裸岩的用户精度为 95.45%，生产精度为 87.5%（表 5.7）。在验证中发现，影响精度的主要因素来自裸岩和冰雪的边界处的重叠像素，以及阴影区裸岩和非阴影地区裸岩边界处的重叠像素。

表5.7　阴影中裸岩提取精度验证——混淆矩阵

类别	阴影裸岩	非阴影裸岩	总计	用户精度 / %	生产精度 / %
阴影裸岩	84	12	96	95.45	87.50
非阴影裸岩	4	9 900	9 904	99.88	99.95
总计	88	9 912	10 000	—	—

5.2.2.3　算法在云处理中的优势

在选取数据时，无云覆盖的数据为优选数据，但考虑到数据覆盖的完整性，在不影响目标地物提取的前提下，少数带有少量云的数据也作为补充数据进行处理。在第 2 章裸岩提取中也提到，云与裸岩在地物波谱曲线上存在相似性，在地物分类与提取中容易出现分类错误，因此进行了去云处理。云分为薄云和厚云两种类型，其中被厚云覆盖的地物信息很难被还原和解译出，而被薄云覆盖的地物信息可以通过提取方法不受影响地提取出来。虽然带云的数据量只占一小部分，但去云处理仍需要花费人工和时间去判读。在本章所涉及的阴影裸岩提取的方法中，云可以直接被去除，而不需要进行单独处理。这里选取了两景代表性数据，提供了云和云产生的阴影在本章方法中直接被去除的结果，如图 5.27 所示。原图中红色和粉红色地物代表裸岩地物或云层（包括可能的厚云和薄云），而暗黑色像素和蓝色像素分别代表阴影区域和雪。结果表明，该方法不受云的影响，可以较好地提取出阴影地区的裸岩地物。

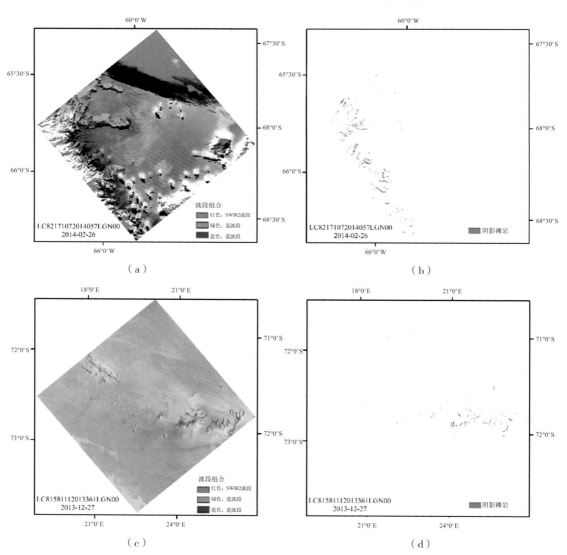

图 5.27　阴影裸岩提取方法中的云处理结果

图（a）和图（c）分别为两景含有云的图像，图（a）中包含有较明显的厚云，但对于提取的目标地物——阴影裸岩并未完全遮盖；图（c）中含有少量薄云；图（b）和图（d）分别为对应的阴影裸岩提取结果，可以看出，该方法可以直接排除掉云的影响

5.3　基于 Landsat–8 影像的南极洲裸岩制图

在国际上，南极洲卫星遥感制图已经有很多关于不同空间分辨率和不同卫星数据产品的研究工作，这些数据产品极大地丰富了南极基础数据库，成为进行相关南极研究的基础。南极裸岩制图是基础数据库的重要组成部分，但裸岩的制图产品目前还只有 ADD 和美国的 Bedmap2 数据有相关的数据产品，而且这些旧版本的数据产品由于数据来源复杂，数据时间跨度较长、分辨率低、精度差，已经不能满足更高的研究需求；ADD 于 2016 年 8 月更新了裸岩专题数据。由于南极地处高纬度地区，气候恶劣，野外实地考察受限，遥感卫星技术成为最为重要的研究手段。随着卫星数据不断地进步，人们对于遥感数据获取的快速化、高精度、自动化提出了更高要求，用于持续服务南极研究。

利用最新的 Landsat–8 卫星遥感数据开展南极洲裸岩自动提取方法的研究，建立裸岩快速、近实时制图的方法体系，对于了解南极洲裸岩分布及其应用具有重要作用，对南极基础数据库的补充和完善也有积极效应，亦能更广泛地应用于其他相关研究中。有效区分冰雪与裸岩一直是南极研究中重要的基础研究领域，已有数据产品和研究表明，影响南极裸岩提取精度的因素主要来自阴影和云，本书中分别建立了裸岩自动提取方法和阴影中裸岩的提取方法，精度验证证明了该方法具有较高的有效性，并且实现了自动化提取。在此基础之上，将该方法应用于全南极洲，完成裸岩制图，本章将对此结果进行讨论与分析。此外，由于现场验证困难，本书将结果与国际上已有的和最新的研究成果进行比较，分别从提取方法、精度、阴影和云处理、其他地物包括蓝冰和冰面融池的影响等方面进行论述。

5.3.1　南极洲裸岩自动提取结果

裸岩作为南极的一种典型地表覆盖类型，裸岩制图被视为南极基础数据库的重要组成部分。与以往南极地表覆盖制图产品不同的是，裸岩面积会因季节性降雪而发生变化，为了满足精度越来越高的南极调查和环境变化监测研究，就需要及时地更新数据库，实现实时观测的目标，并建立一种高精度、自动化的裸岩识别与提取技术。研究中利用最新发布的 Landsat–8 卫星数据，建立了一种精确的快速识别和提取图像中裸岩地物的方法。并且考虑了主要影响裸岩提取精度的阴影，建立了有效提取阴影中裸岩地物的方法，并进行了定量评估，实现了自动化提取。利用该方法和自

南极洲高分辨率遥感制图研究

动化程序，本书对收集的覆盖全南极（除了82.5°S以南无数据覆盖以外）大陆的1 100景数据进行了裸岩提取，结果表明共有285景有效数据包含裸岩地物，该结果作为本期裸岩制图的主要数据源。由本书提取结果得到的南极洲裸岩分布如图5.28所示，南极大陆边缘用ADD的南极海岸线数据进行了边缘切割，底图为LIMA南极镶嵌图。

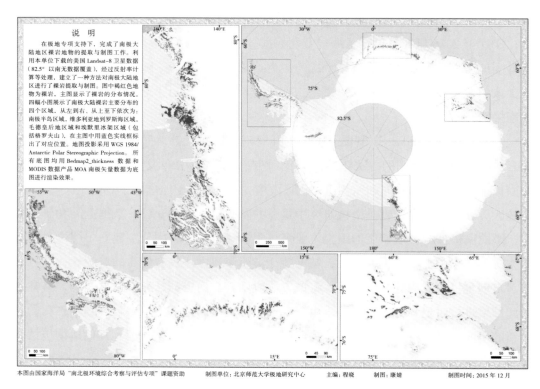

图5.28　南极洲裸岩分布

5.3.2　南极洲裸岩空间分布

为了进一步分析本书提取结果，将与已有裸岩数据产品进行对比与分析。但是，考虑到数据源的差异和数据覆盖的差异：Bedmap2数据集中的裸岩数据来源不一，且分辨率为1 km；ADD数据产品最新发布的高分数据源为Landsat-8数据，对本书研究具有较好的参考性，由于82.5°S以南无Landsat-8数据覆盖，这一部分仍由旧版本数据作为补充。为了进一步分析南极裸岩空间分布特征，同时与已有的裸岩数据产品进

120

行定量比较和分析，本书将 3 种数据产品分为 4 个裸岩主要分布的区域，即在相同的区域内分别进行了局部统计与分析，进行了对比，统计结果如表 5.8 所示。

表5.8　各数据集中南极裸岩分布统计分析与对比

区域名称	本书提取的裸岩面积 / km²	Bedmap2 数据 / km²	ADD 新数据 / km²	重叠区域面积 / km²
南极半岛	3 025	18 379	3 395	1 571
毛德皇后地	2 802	6 225	2 334	1 570
兰伯特冰川 - 埃默里冰架	3 156	7 171	2 758	1 892
维多利亚地	9 978	26 939	10 215	7 702

从数值上总体分析，本书提取的结果与 ADD 的结果较为相近，与 Bedmap2 的结果相差较大，而 ADD 与 Bedmap2 在相同区域内的裸岩面积也存在较大差异。分区域来看，兰伯特冰川 - 埃默里冰架这一地区的裸岩面积是 3 种数据产品结果相差最小的，其次是毛德皇后地地区本书提取的结果结果与 ADD 的结果较为相近，再次是维多利亚地地区，而南极半岛是 3 种数据产品结果中差异最大的。数据结果之间差异的可能原因：一方面，卫星数据源不同、裸岩区域界定不同，以及提取方法和技术的不同，并且 Bedmap2 数据的分辨率较低（1 km），ADD 数据更新的裸岩高分辨率数据产品使用的是与本书一样的 Landsat-8 卫星数据，分辨率一致，但提取方法不同，收集的数据时间也不完全相同；另一方面，局部气候变化特征差异的影响也是数据获取时间不同造成裸岩面积差异很大的主要原因。本书使用的数据集中在 11 月至翌年 1 月，属于南极夏季但并非雪消融量最大的时期；由于裸岩面积受南极季节性降雪覆盖影响较大，并且每个区域的局部气候特征也有所不同，例如南极半岛属于降雪活动比较频繁的区域，该地区的数据质量也经常受到云覆盖的影响，可以从本书使用的卫星图像中目视解译出，提取的影像中南极半岛裸岩区域被积雪所覆盖；处于东西南极交界处的维多利亚地也是如此，裸岩面积差异主要是受季节性降雪的可能影响最大；而毛德皇后地的差异除了季节性降雪覆盖的可能影响外，2009 年以来发生的几次异常降雪事件对裸岩的影响也不容忽视；兰伯特冰川 - 埃默里冰架地区裸岩面积变化最小，说明该地区雪积累量较为稳定，这与南极物质平衡研究中给出的结

论相一致：东南极物质平衡较为稳定，并且从 2002 年开始处于物质积累状态，物质平衡为正，可以将此理解为东南极的降雪积累大于消融，因此裸岩面积变化不大；而西南极则是南极物质平衡损耗的主要区域，季节性降雪频繁，但整体消融大于积累，输出大于输入，因此该地区的裸岩面积变化也会更加容易受到季节性的降雪影响而表现出较大差异；此外，除了以上种种可能影响裸岩面积结果的因素外，光学影像中存在的阴影成为影响提取结果的一个主要原因；Bedmap2 数据产品的分辨率本身较低，矢量边界特征保留较差，数据来源不同，是引起差异的主要原因。在接下来的章节中，本书将对裸岩分布的 4 个主要区域进行重点分析与讨论，每个区域将分别由两幅图进行分析：图 5.31a 为该区域裸岩地物整体分布图，LIMA 影像作为底图被覆盖叠加；图 5.31b 为该区域中两个典型区域与其他数据产品对比分析图。

5.3.2.1　南极半岛

由于区域性气候，南极半岛地区的降雪受季节性影响较为显著，研究提取的该区域裸岩面积为 3 025 km^2，该结果与 ADD 最新裸岩数据相接近，但远低于 Bedmap2 数据集结果。表 5.8 中各数据产品之间的裸岩面积差异明显，且存在相对较低的交集特征，可以推断出该区域的裸岩出露面积变化受降雪覆盖影响也相对较为显著。

对于两种对比数据，本书探讨了可能的原因。Bedmap2 数据集中的南极半岛地区裸岩面积达到 18 379 km^2，为其他两种数据产品的近 6 倍，在图像上表现为裸岩矢量数据的边界都明显超出图像中的观测结果，并且在一些单独的裸岩裸露区直接表现为闭合型矢量而忽略了表面积雪覆盖的影响。这种误差来自其数据源、提取方法和较低的分辨率；而对于 ADD 的最新裸岩数据产品，由于使用了相同的 Landsat-8 数据源，本书提取的结果与其十分接近但仍略低于 ADD，主要的差异来自使用的数据的获取时间不同和提取方法不同。对于 1 571 km^2 的重叠面积，该区域被认为可能是一个相对稳定的裸岩区域，即被积雪覆盖的概率较低。结合结果图分析，位于南极半岛西海岸的裸岩面积大于东海岸，处于相对稳定区域，这种变化趋势可能与南极半岛的区域性风场和地形相关，该区域裸岩的总体表现形态为坡度缓，裸岩大都位于山体边缘而非顶部。与此同时，在本书提取的遥感影像中大部分裸岩表面被积雪覆盖（图 5.29），阴影区域呈现细长条状沿裸岩边缘分布，阴影带来的差异影响较小。

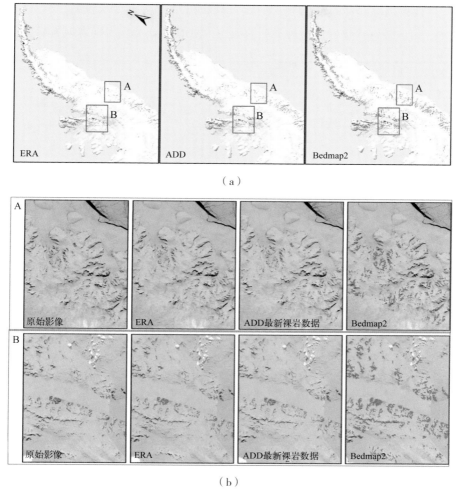

图5.29　（a）为南极半岛地区裸岩分布图，底图为LIMA影像；（b）为两个代表性区域放大图，分别对比了本书提取结果与ADD最新裸岩数据产品、Bedmap2的结果；底图为原始Landsat-8影像，752波段组合

5.3.2.2　毛德皇后地

由表 5.8 中三者数据产品的对比发现，毛德皇后地区域裸岩分布显示出相对较少的面积差异，总体特征表现为本书结果略大于 ADD 的结果，而小于 Bedmap2 的结果。

毛德皇后地区域的裸岩表现为小而分散的特征，并且伴随有明显蓝冰地物分布，裸露的裸岩为山体的顶部。数据产品之间的差异表现为 Bedmap2 的矢量边界轮廓显著大于其他两种数据产品的裸岩面积，且在一些局部区域出现裸岩面积变化（表现为漏提），如图 5.30 中的区域 B。本书结果与 ADD 的差别主要体现在一些局部被薄雪覆盖的裸岩区域，如图 5.30 中灰色方框所标识区域所示，对于这种被薄雪覆盖但未完全覆盖的裸岩区域，在图像中可能被当作混合像元处理，对裸岩提取时的细节差异要求较高，本书结果明显优于 ADD，可以较好地提取出这种类型的裸岩，ADD 中此类裸岩则表现为漏提。

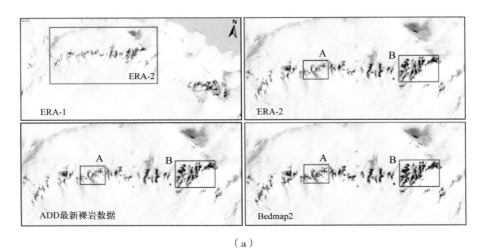

（a）

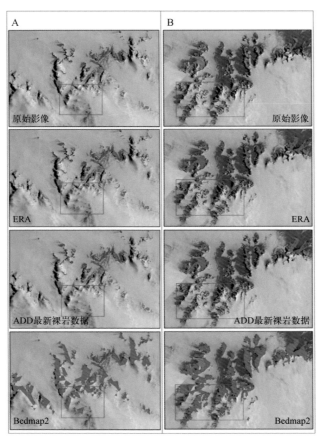

（b）

图5.30 （a）为毛德皇后地的总体裸岩分布图，底图为LIMA影像；由于该地区出露的裸岩表现为小而分散且零碎的特征，因此这里选择在ERA-1图中的红色框区域（ERA-2区域）为主要表现区域；（b）为ERA-2区域中的两个局部代表性区域A和B放大图，对比了3种数据产品结果的表现差异

5.3.2.3 兰伯特冰川 – 埃默里冰架

本书提取的兰伯特冰川 – 埃默里冰架区域的裸岩面积要高于 ADD 的结果，而小于 Bedmap2 数据集结果。该区域具有相对较高的交集区域（intersection 部分），表明有相对较多稳定的裸岩区域可能常年未被积雪覆盖。从图 5.31 中分析可以看出，本书结果与 ADD 的差异主要来自一些反射率较低的冰面融池混杂的区域，如图 5.31 区域 A 中灰色边框所示，其次存在漏提区域，如图 5.31 区域 B 中灰色边框所示。Bedmap2 在该区域的表现，相对其他区域而言，与本书结果与 ADD 结果具有较好的一致覆盖特征，但由于较低的分辨率，对于细节的夸张和缺失使得总体结果明显高于其他两种数据。此外，该区域的阴影面积表现为较小的条状特征，但阴影中的裸岩面积却在阴影中占很大比重。

5.3.2.4 维多利亚地

维多利亚地位于罗斯海和罗斯冰架的西侧，该区域在 4 个裸岩分布区中占有最大的比重。由于紧邻南极横断山脉，地形特征包含了坡度极陡的山体断块，具有世界上最大的风速，因此也具有常年无雪覆盖的区域，如世界闻名的麦克莫多干谷（McMurdo Dry Valleys），如图 5.32 中区域 B 所示。根据表 5.8 的统计结果显示，3 种数据之间存在较大差异，相交重叠区域主要来自常年无雪覆盖的区域，而除了数据本身分辨率和提取方法以外的差异则被认为主要来自该区域的北部沿海，图 5.32 中也显示出该局部差异。由于该区域纬度跨度较大，越靠近极点的区域即高纬度地区卫星成像的太阳高度角越低，伴随有较大的阴影区域，且该区域阴影中的裸岩只占较小比重，本书提取的阴影裸岩结果要优于 ADD 结果，详细的论述将在下一章展开。此外，该区域的局部地形特征和风速特征，决定了该区域裸岩的分布特征，主要表现为山体的顶部为裸露区域，而积雪则主要发生在山体断块的边缘地区。北部靠近罗斯海和罗斯冰架区域的裸岩面积受到季节性降雪影响，因此不同的数据获取时间将会引起不同的裸岩面积差异变化。

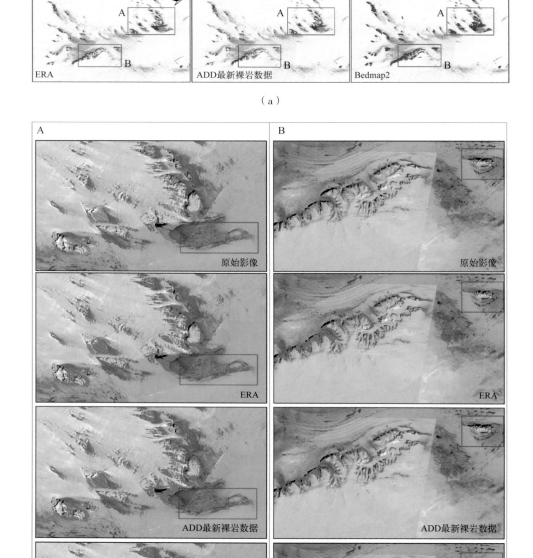

图5.31　（a）为兰伯特冰川–埃默里冰架区域的裸岩分布图，底图为LIMA影像；（b）为两个典型区域A和B的放大图，对比了3种数据产品的差异表现

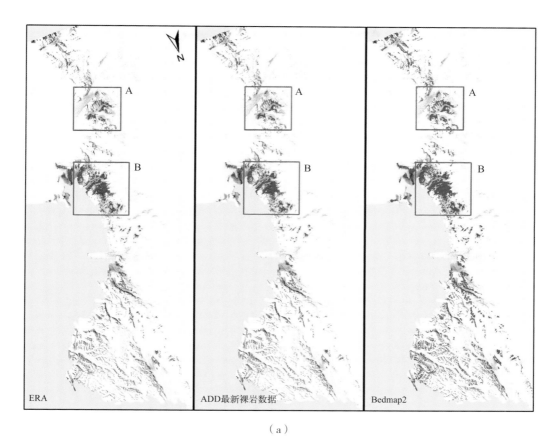

（a）

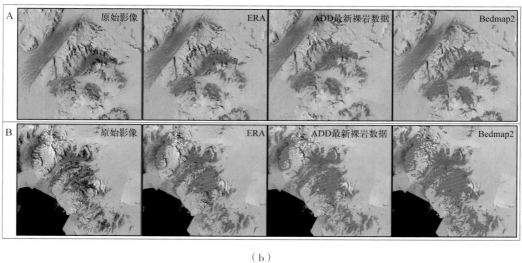

（b）

图5.32　（a）为维多利亚地区域的裸岩分布图，底图为LIMA影像；（b）为两个典型稳定区域，由于强烈的局地风而常年无积雪覆盖，底图为Landsat-8卫星影像，叠加覆盖了3种数据产品的对比图

第 6 章
南极洲地表覆盖制图

南极在全球变化研究尤其是全球能量平衡中起着关键作用[129, 130]。南极地区大部分都被冰雪覆盖，其反照率超过 0.9[34, 131]。然而，除了冰雪之外，南极大陆还被其他地表类型所覆盖，如裸岩（山脉）和蓝冰。因此，准确绘制南极地表覆盖图对于全球能量平衡研究、气候模拟和科学考察都具有重要意义。尽管目前已有一些"全球"地表覆盖产品，如空间分辨率为 1km 的 IGBP DISCover 产品[132]，但这些产品均未覆盖南极地区。

在南极环境领域（The Environmental Domains of Antarctica）2.0 最终报告[133]中，提出了 5 种与冰有关的不同地貌类型，包括冰架、冰舌、冰褶皱、岩石和冰/雪，该报告是根据未基于卫星影像的地形数据所创建。另外，一些新的数据集也包括了南极地表覆盖类型信息，例如，南极研究科学委员会的南极数字数据库（ADD）和南极综合地名录（Composite Gazetteer of Antarctica，CGA，http://data.aad.gov.au/aadc/gaz/SCAR/）。ADD 的数据源种类繁多，其旨在提供南极大陆所有地区的最新及最有效的数据。CGA 的地名信息由 22 个国家提交。然而，这两个数据源在地表覆盖类型方面存在诸多差异。本研究发现，到目前为止，没有一个完整的南极地表覆盖数据集可以同时满足两个重要准则：①基于一致的数据源提取；②获取数据的时间窗口相对较短。

在本研究中，我们提出了一个南极地表覆盖分类系统（Land Cover Classification System in Antarctica，LCCSA），该系统是基于 Landsat-7 ETM+ 数据、地表形态数据，以及 ADD 和 CGA 数据集中可识别的地球物理特征建立的。其总体目标是基于 2000 年前后获得的 Landsat-7 ETM+ 影像和 2003—2004 年南极夏季获得的 MODIS 图像实现整个南极的地表覆盖分布图绘制。

6.1 南极地表覆盖分类系统的建立

南极地表覆盖分类系统的建立是南极地表覆盖制图的前提。然而在这方面的工作还鲜有成效。一般来说，地球表面是由雪及冰川、岩石、水体、土壤、植被和建成区 6 种基本地表覆盖类型组成。然而，由于南极地区气候极冷，并且人类活动强度低，所以南极与地球大多数地区在地表覆盖类型上有很大的区别。在南极，覆盖范围最大的是冰川，它可以以各种形态表现，如雪线、冰斗、冰碛、冰塘、冰柱、冰川环、洞穴和冰钟乳石[134]。此外，ADD 中还介绍了大约 30 种南极地表类型，包括冰川、冰裂缝、水体等。在 CGA 中描述了 100 多种地质特征，包括山脉、岩石、海湾、裂缝、冰架和冰盖，充分展示了南极的地理信息和地貌特征。然而，上述所有数据并不是基于单纯的地表覆盖概念。

为更好地了解南极的地表覆盖分布，本研究建立了包括粒雪、蓝冰和裸岩三大地表覆盖类型的 LCCSA 系统。在如 Landsat-7 ETM+ 数据等中分辨率卫星数据中，这 3 种不同类型最能代表南极地区不同地表特征。

粒雪是全球气候系统中一个重要的地球物理变量，因为它在控制地球表面反照率及水文系统中都起着重要作用[135, 136]。永久性的粒雪堆积起来并最终形成冰川。冰川表面的能量收支可能会进一步影响气候系统[88, 137]。更重要的是，冰川物质平衡可能对海平面变化产生影响[138, 139]。研究地表能量平衡和物质平衡的参数包括地表动力学以及地表性质，而这些参数可以从包含地表动力学和地表性质信息的卫星数据中获得。地表动力学信息包括地表地形（坡度和高程）、冰的运动（速度、流动模式、应变率）、断裂模式（裂缝和裂谷）、冰厚度（针对浮冰）和冰山崩解大小及漂移的变化信息。地表性质信息包括地表和近地表的温度、反照率、雪粒径、粗糙度、地表融化和冻结模式、积雪累积率和地表风模式推导[140]。前人研究证明，对于粒雪的制图可以利用专题制图仪（TM）数据来实现[120]。

蓝冰具有非常特殊的性质，在气候变化中至关重要。在一些蓝冰区域中存在着裸露且十分古老的冰，对古气候研究非常有帮助[77, 141]。由于蓝冰区对气候变化的敏感性，它可以被视为南极气候指标[77, 88]。南极蓝冰区也是收集陨石的主要目标区域（Koeberl，1989；Delisle 和 Sievers，1991）。有研究表明在 Landsat-1 MSS 图像上，蓝冰是可识别的[142]，并且利用卫星数据监测蓝冰被认为是目前主流的研究方法[37, 78]。

裸岩包括山脉，对研究南极的地形和地貌具有重要意义。裸露岩石的地质信息可以作为研究南极地质演化的信息依据[143]。由于裸露岩石与冰雪的光谱差异较大，在卫星数据中很容易被识别。裸岩在可见光光谱中有很强的吸收。从近红外到短波红外的反射率变化不大，并且在短波红外中裸岩的反射率高于雪地[34]。

本研究提出的分类系统符合国际惯例[144]，并且可直接高效应用于区域地表分类研究，为南极地区的地表覆盖变化提供了参考佐证。

6.2　南极地表覆盖制图方法

6.2.1　数据预处理

本研究采用两组影像数据进行地表覆盖解译：① 1999—2003 年南极夏季获得的

Landsat-7 ETM+ 影像 1 073 幅，覆盖了 82.5° S 以北的整个南极大陆；② 2003—2004 年南极夏季从 82.5° S 到南极点的 MODIS 镶嵌数据，用于补充 Landsat-7 影像未覆盖的地区。原始 ETM+ 数据是从美国地质调查局（http://lima.usgs.gov/access.php）LIMA 项目 [26] 下载。MODIS 镶嵌数据从美国国家冰雪数据中心获取 [145]。

为了获得在各光谱波段内的全球地表光谱辐射值的最大范围，本研究将 Landsat-7 ETM+ 数据的辐射定标系数配置为高增益和低增益两种模式（依据 Landsat-7 科学数据用户手册）。然而，雪 / 冰在可见红外波段具有很高的反射率，可能随照度几何属性（太阳天顶和地表坡度）的变化而变化。在 8 位辐射量化的 ETM+ 传感器的可见光和近红外波段中，雪 / 冰的光谱曲线可能呈现过饱和状态。因此，在实际使用前，必须对可见光 – 红外光谱中的雪 / 冰的饱和度进行校正。本研究采用基于不同波段之间关系的线性回归方法对 ETM+ 数据进行 DN 值饱和度校正。结果表明，经过校正后可以观察到清晰的纹理（有关 ETM+ 数据中 DN 值饱和度校正的更多信息，请参阅 Hui 等 [34]）。

在进行 DN 值饱和度校正后，Landsat-7 ETM+ 数据被转换成行星反射率。随后，利用 Gram-Schmidt 光谱锐化方法 [76]，本研究在对 15m 分辨率的全色波段及 30m 分辨率的多光谱波段（波段 1 ~ 5 和波段 7）进行了锐化处理。之后将处理后的覆盖南极 82.5° S 以北地区的 Landsat-7 ETM+ 影像镶嵌图 [34] 与 MODIS 镶嵌数据相结合，最终生成南极全覆盖的影像镶嵌图。

对于 TM 数据，对裸岩和蓝冰进行解译的最佳波段组合为波段 7、波段 4 和波段 1（裸岩为波段 7，蓝冰和粒雪为波段 4 和波段 1）[33, 120, 146]。本研究将这个波段组合作为第一选择，并使用其他波段作为补充。此外，我们还利用了 RAMP 的海岸线数据、ADD 数据、CGA 数据和谷歌地球（Google Earth）的更高空间分辨率图像作为辅助数据。所有数据都被统一设置为南极极赤平投影中，该投影是基于标准纬度为 71°S、中央子午线为 0° 的 WGS-84 椭球基准面构建的。

6.2.2　影像分类流程

由于大陆尺度上地表类型的异质性显著，基于光谱特征 /DN 值的单一分类算法，如最大似然法、最小距离法和 ISODATA（Iterative Self-Organizing Data Analysis Technique）非监督分类法很难达到令人满意的分类精度。为了减少分类中潜在的"椒盐噪声"，我们采用了面向对象的图像分析方法，并使用 BerkeleyImageSeg 1.0 软件

（http://www.imageseg.com/）和 ArcMap 9.3 软件进行了人工解译。在影像分割过程中，阈值、形状和紧度是 3 个关键参数。阈值决定分割区域的大小，较高的阈值产生较大的区域。形状参数控制影像合并过程中形状和光谱特征之间的权重，形状参数越大，形状权重就越高。紧度参数控制对象的紧凑性，较大的值会产生更紧凑的区域，而较小的值会产生更平滑的区域[147]。这种分割方法的优点在于，它根据光谱或形状相似性将像素分组为不同的对象，从而有助于以更高的效率提高分类精度[148-151]。对分割后的图像进一步进行聚类处理，以每个分割多边形的标准差小于 10 为标准进行聚类。图 6.1 显示了图像聚类后的一个示例。

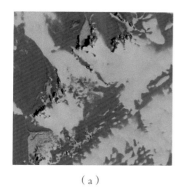 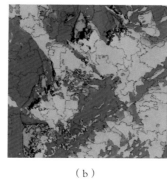 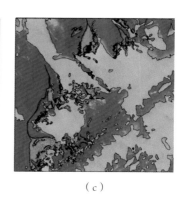

（a）　　　　　　　　　（b）　　　　　　　　　（c）

图6.1　图像分割结果

红色区域为裸岩，蓝色区域为蓝冰，青色区域为粒雪。（a）ETM+影像波段7、波段4、波段1的图像合成；（b）图像分割结果；（c）聚类后分割数据结果

Landsat-7 ETM+ 融合数据的空间分辨率为 15m，本研究以 11 像素 ×11 像素（约 175m×175m，3 hm²）为最小制图单元，以实现最终的制图精度为 1 ∶ 100 000。制图步骤如下：①建立不同地表覆盖类型的关键解译特征。3 种地表覆盖类型的图像示例如图 6.2 所示。②将 15m 的镶嵌图数据划分为 656 个单元，包含 10 000 列和 10 000 行，而 MODIS 数据被视为一个单元。③将整体任务分工为 3 个组，每个组负责一个分区单元，并且小组定期交换解译结果，进行质量检查。④交叉验证后纠正解译错误。⑤结合所有小组的结果，使用 ArcMap 9.3 软件建立一个数据库。⑥专家们参照 ADD 数据、CGA 数据和谷歌地球图像数据等相关地理数据，对地表覆盖类型数据库进行复查。⑦在整个图像解译过程中，之前提到的各种辅助数据得到了充分利用。例如，RAMP 海岸线数据覆盖于镶嵌图上以识别岛屿，谷歌地球上的高分辨率图像也被用于协助对 Landsat 图像的解译。

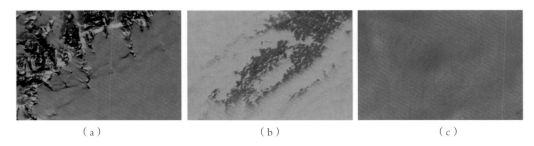

（a）　　　　　　　　（b）　　　　　　　　（c）

图6.2　ETM+数据波段7、波段4、波段1合成影像中3种土地覆盖类型的图像示例

（a）裸岩；（b）蓝冰；（c）粒雪

6.2.3　基于分层随机抽样的精度评估

分层随机抽样是地表覆盖制图精度评估中常用的抽样技术[152]。它能满足评定目标的基本精度和多数预先设定的准则。同时分层随机抽样还可以在占较小面积的类中增加样本量，以减少对这些稀有类进行精度估算时造成的标准误差。

用于进行分类准确度评估的样本量参数非常重要。基于分层随机抽样，可通过以下公式来计算样本量（假设每个层的抽样成本相同）[153]：

$$n = \frac{\left(\sum W_i S_i\right)^2}{[S(\hat{O})] + (1/N)\sum W_i S_i^2} \approx \left(\frac{\sum W_i S_i}{S(\hat{O})}\right)^2 \tag{6.1}$$

式中，n 是样本量，N 是验证图像中的像元数，$S(\hat{O})$ 是本研究预期实现总体精度的标准误差，W_i 是类别 i 的制图面积比例，S_i 是类别 i 的标准差，$S_i = \sqrt{U_i(1-U_i)}$，其中 U_i 是用户精度。公式（6.1）分母中的第二项 $(1/N)\sum W_i S_i^2$ 在 N 变大时可以忽略（例如在本研究中每个区域大于 1.5×10^8）。

根据 $S(\hat{O})$ 与 U_i 的不同组合，样本量可能会有很大的变化，这意味着得出最终结果之前，需要反复对样本量进行计算核定。本研究规定了总精度为 0.01 的目标标准误差。根据前人研究中对蓝冰和岩石的制图经验，本研究预计裸岩、蓝冰和粒雪的用户精度分别为 0.85、0.80 和 0.90[119]。

6.3　南极地表覆盖制图结果

最终的地表类型覆盖图如图6.3所示。裸岩、蓝冰和粒雪的面积和百分比分别为73 268.81 km²（0.537%）、225 937.26 km²（1.656%）和13 345 460.41 km²（97.807%）。其中粒雪面积最大。裸岩主要分布在兰伯特冰川盆地的南极横贯山脉、南极半岛、毛德皇后地和位于兰伯特冰川盆地的查尔斯王子山脉。蓝冰通常沿海岸线分布或近邻裸岩区，主要集中在维多利亚地、南极横贯山脉、毛德皇后地和兰伯特冰川盆地。地表覆盖的空间分布与其形成过程密切相关。例如，在蓝冰分布的四个区域中，有海拔高、坡度陡的山脉或冰原岛峰区域，也有海拔相对较低但冰川动力作用显著的区域。南极西部和南极半岛地区的蓝冰分布相对较少，这可能是由于这些地区积雪厚度较高、融化季节相对较短以及本研究所用遥感影像的成像时间多为春季造成的[37]。

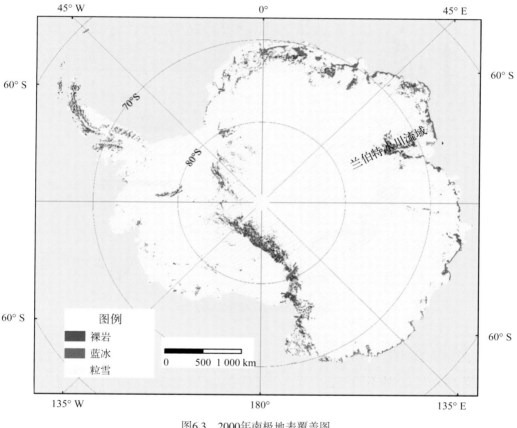

图6.3 2000年南极地表覆盖图

在数据处理流程中，海岸线数据是基于对 Landsat-7 ETM+ 影像的镶嵌图（图 6.4）进行裁剪并参考 RAMP 海岸线[154]提取的。南极海岸线与冰架的变化有关。并且冰盖可以作为研究应对气候变化的因素。海岸线将大陆与海洋隔开，同时也存在着许多岛屿。基于海岸线数据计算，整个南极大陆的面积约为 1 362.2 × 10⁴km²，周长约为 39 265 km。一共有岛屿 1 195 个，总面积为 22 578 km²，这些岛屿主要分布在南极半岛周围。

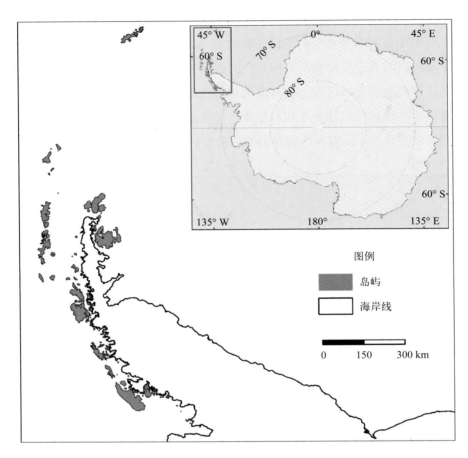

图6.4　南极海岸线和岛屿地图

6.4　精度评估

　　由于环境恶劣、实验成本高，在南极很难通过野外调查对地表覆盖产品的进行精度评价。本研究采用误差矩阵分析方法及与其他已发表资料的比较分析，从而评估地表覆盖提取结果的准确性。

6.4.1　误差矩阵分析

　　南极的冰与雪的表面均质性较高，因此不需要对整个区域的精度进行验证。本研究选择了对其他3种地表覆盖类型所在的4个异质性质较高的区域进行了精度评估。这些地区包括毛德皇后地的瑟伦丹山，兰伯特冰川、干谷和科伊特利茨冰川，以及南极横贯山脉的毛德皇后山（图6.5）。前3个区域是使用 Landsat-7 ETM+ 数据进行分类，最后一个区域使用 MODIS 数据进行分析。

　　本研究基于 ArcMap 软件分析了4个区域中3种地表覆盖类型的制图结果（表6.1）。使用公式（6.1）计算的4个区域的样本量分别为982、1077、1026 和982（表6.1）。根据 Congalton 和 Green[152] 对于大面积制图的建议，分层抽样样本量小于100时（例如，a 区裸岩的样本量为60）则增加到100。所有参考样本来自 Landsat-7 ETM+ 图像（区域 a、b 和 c）、MODIS 图像（区域 d），以及在与本研究所用图像相似成像时间采集的谷歌地球图像，并由3名专家人工解译并进行交叉检查，以尽最大可能避免成像时差的影响。

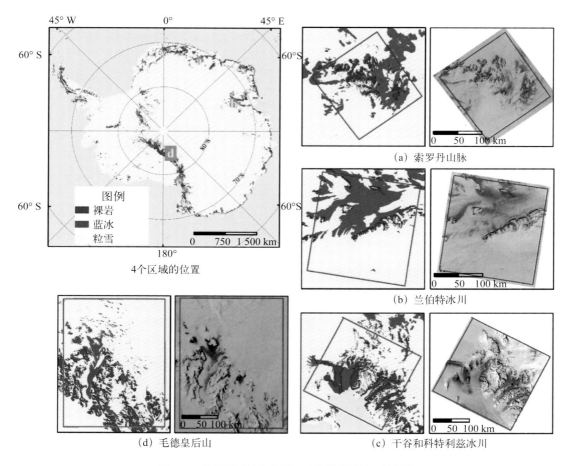

图6.5　4个验证区域的位置、地表覆盖图及卫星影像

从左到右分别是地表覆盖图和卫星影像。对于区域a、b和c，影像为Landsat-7 ETM+数据波段7、波段4、波段1的合成影像。对于区域d，影像是MODIS数据的波段7、波段2、波段1的合成影像

表6.1　地表层样本量信息

	W_i				n_i				n_i'			
	a	b	c	d	a	b	c	d	a	b	c	d
裸岩	0.061	0.038	0.168	0.111	60	41	172	109	100	100	172	109
蓝冰	0.286	0.261	0.108	0.071	281	281	111	70	281	281	111	100
粒雪	0.653	0.701	0.725	0.818	641	755	743	803	601	696	743	773
总计	1.0	1.0	1.0	1.0	982	1 077	1 026	982	982	1 077	1 026	982

注：W_i 是制图面积的比例，n_i 是根据公式（6.1）得出的各地层样本量，n_i' 为各层调整后样。

表6.2　四个区域分类图的误差矩阵

	裸岩	蓝冰	粒雪	总计	生产者精度 /%
裸岩	394	3	51	448	87.9
蓝冰	15	703	106	824	85.3
粒雪	72	67	2 656	2 795	95.0
总计	481	773	2 813	4 067	—
用户精度 /%	81.9	90.9	94.4	—	—

总体精度为 92.3%；Kappa 系数为 0.836

注：列指示图像分类，而行对应于引用数据。

表6.3　每个区域的用户精度和生产者精度

	用户精度 /%				生产者精度 /%			
	a	b	c	d	a	b	c	d
裸岩	97.6	98.7	89.2	73.6	80.0	78.0	82.0	87.2
蓝冰	87.7	84.7	76.6	91.3	89.0	92.9	88.3	94.0
粒雪	93.2	94.5	94.6	97.5	95.3	93.7	94.2	94.6
总体精度	92.0	92.0	91.5	93.7				
Kappa 系数	0.847	0.842	0.807	0.831				

本研究共采集样本数据 4 067 个。表 6.2 和表 6.3 列出了每种地表覆盖类型的初步精度评估结果。由此得知，总体精度为 92.3%，Kappa 系数为 0.836（表 6.2）；4 个地区的不同地表覆盖类型的平均生产者精度和用户精度大多均 85% 以上（表 6.3）。样本数据中，大多数错误分类的像素位于两种地表土地覆盖类型的边界附近，尤其是在

蓝冰和粒雪、裸岩和粒雪的交界地带。基于卫星影像进行分类时所面临挑战之一就是混合像元分类。然而，本研究的验证结果表明，通过人工解译的面向对象分割方法对 15m 分辨率遥感影像进行大陆尺度的制图，是一种有效制图方法，同时结果表明本研究结果是一个可靠的产品，可广泛应用于多个领域。

利用卫星数据进行地表覆盖分类的结果质量仍然需要进一步提升，分类系统、地表景观复杂度、卫星数据的选择，以及图像处理和分类方法都会对最终的地表覆盖分类结果造成影响 [155-161]。

分类系统通常由制图目的、选定卫星遥感数据的空间分辨率及与现有工作成果的兼容性决定。本研究中提出的 LCCSA 系统是基于对区域气候模式和大气环流模式中能量平衡进行计算的结果，也是基于上述规则设计的。LCCSA 系统具有信息量大且详尽、可拆分应用等特点，可很好地用于南极的地表覆盖变化研究。LCCSA 系统尤其在南极地区的能量平衡、陨石追踪和企鹅群落变化等研究中都具有很好的参考价值。另外，它还可以实现基于如 Sentinel-2 卫星搭载的多光谱仪器数据等多种中等空间分辨率数据的分类工作。

本研究结果表明，南极地表景观是复杂多样的，尤其是在沿海地区和山脉地区。从图 6.1 至图 6.3 中可以看出，粒雪、蓝冰和裸岩呈现混合分布的模式。在两类地表特征的边界上存在着大量的混合像元，这可能会导致像元误分类。基于误差矩阵、用户精度和生产者精度（表 6.2 和表 6.3）的结果也可推断出这一点。事实上，与地球其他地方不同，南极地区的训练样本相对容易选择，因为 3 种地表覆盖特征（粒雪、蓝冰和裸岩）之间的光谱反射率差异很大 [157, 162]。本研究中，误分类的像元均为混合像元，这对基于卫星遥感影像数据的影像分类提出了重大挑战。

在特定年份获得多时相影像是实现全球和大陆尺度的地表覆盖图绘制的最佳且常见的做法。然而，在一年的时间内，很难收集到足够多的中等分辨率的遥感影像 [162]，尤其是在南极地区，这是因为南极云雾天气状况可能更为严重。本研究中，对 Landsat-7 ETM+ 图像的采集时间为 1999—2003 年，大约为 4 年，这个时间跨度可能会导致 3 种地表覆盖特征的空间面积差异。然而，目前还没有很好的解决方案，因为结合 15 m 分辨率的 Landsat-7 ETM+ 影像和 250 m 分辨率的 MODIS 影像的数据集是迄今为止南极大陆成像效果最好的数据集。该数据集可以提供南极地区地表覆盖的诸多细节信息，并在最终的地表覆盖分类图中体现更多的细致结果。另外，谷歌地球等辅助数据也已被处理并用于本研究中的分类流程。本研究中，没有使用其他数据如地形、水文和气候数据进行分类，虽然这些数据有助于提高全球地表覆盖图（如植被类型、湖泊和河流）的精度，但目前在南极地区还没有已发表的具有较高可信度的成果。

本研究中，我们只尝试了面向对象的分割方法，期望通过结合使用光谱和纹理信息来达到更高的分割精度。尽管在两类不同地表的边界区域存在一些错误分类，但本研究结果的分类精度比仅基于光谱特征 /DN 值的单一分类算法（如最大似然法、最小距离法和 ISODATA 非监督分类算法）要高。本研究认为，结合基于像素和面向对象的图像分类方法可以得到更好的效果。

6.4.2 与已发表数据的对比

本研究将地表覆盖分类结果与最近发表的几篇论文和在线网络数据进行比较。其中裸岩的相关数据在 ADD 中列出。本研究结果计算的裸岩面积为 73 268.81 km²，而 ADD 的裸岩面积为 44 890 km²，两个数据集存在显著差异。有几个原因可以解释这种现象。首先，两个产品是基于不同的数据源生成。ADD 的数据来源广泛，不同数据的空间分辨率变化很大。其中最详细的信息来源为比例尺 1 : 10000（即分辨率约为 5 m）的地图，而最不详细的信息来源其分辨率为 5 km 左右（ADD）。而本研究的地表覆盖资料是在基于对 15 m 分辨率的 Landsat-7 ETM+ 融合数据的解译基础上获取的。对于不同数据源的应用导致了不同的结果。其次，对卫星遥感数据有不同认识的解译人员对地表覆盖的定义有着不同的理解。尽管这些解译员都受过相关训练，有着相关实验和集体学习的经验，这种人工解译造成的不确定性仍是不可避免的。再次，卫星数据的采集日期对地表覆盖类型的面积有很大影响，特别是对于受风雪影响较大的蓝冰和裸岩来说。因此，地表覆盖数据只是单纯反映了卫星数据采集时的地表覆盖状态。

就蓝冰而言，本研究计算结果（225 937.26 km²）与之前发布的数据结果（234 549 km²）之间的面积差约为 8 612 km²[37]。造成这种差异的原因是采用了不同的假设基础和理论方法。虽然面积存在差异，但二者在蓝冰空间分布呈现是一致的情况。事实上，本研究已经对基于 AVHRR 数据、MODIS 数据及 ETM+ 数据分别获得的蓝冰区域进行了比较，结果表明基于 ETM+ 数据得到的蓝冰区面积和空间分布可能比先前基于 AVHRR 数据和 MODIS 数据得到的蓝冰面积和空间分布的结果有所改善[37]。在当今时代，MODIS 数据及其产品已广泛应用于地球系统科学和全球变化研究。在南极，MODIS 数据对研究海冰、冰川及雪都有极为广泛的应用空间。虽然它可以作为地表覆盖制图的源数据，但由于其空间分辨率较低，并不能像 Landsat-7 ETM+ 数据那样提供针对地表覆盖的详细描述。一般来说，分辨率为 250 m 的 MODIS 影像的单个像元所占范围在 15m 分辨率的 Landsat–7 ETM+ 影像中则为 16 ～ 17 个像素。例如，裸岩通常是风力作用下通过雪的堆积形成的，常出现在比 MODIS 单个像元的尺寸小但在 15 m 分辨率 ETM+ 数据上则可以被识别的斑块中。因此，对于相同的小区域，ETM+ 数据中的像元可以被清晰准确地识别，但 MODIS 数据中的像元要么被忽略，要么被错误归类为裸岩，这就会进一步导致后续地表覆盖分类裸岩比例被低估或高估。这在以前的研究中也有提及和讨论 [37, 38]。以上结论可以证明 ETM+ 数据可以作为 MODIS 产品的验证数据，因为它具有更高的空间分辨率，因此包含的地表覆盖信息更细致 [163, 164]。上述讨论表明，基于 ETM+ 数据获取的地表覆盖数据集的精度应优于基于 MODIS 数据获取的地表覆盖数据集。

表6.4　3个数据集的比较

	RAMP	MOA 2004	本研究数据
南极面积 /（×10⁴km²）	1 364.6	1 360.6	1 362.2
*海岸线长度 / km	45 304.20	33 300.00	39 265.62
岛屿面积 / km²	21 406.35	--	22 578.54
岛屿数量	557	--	1 195

* 这些统计数据包括冰架，但不包括岛屿。

本研究中所用到的海岸线和岛屿数据来自 MOA2004 和 RAMP[24, 154]。本研究中也对海岸线及岛屿两种类型的数据进行了提取分析（表 6.4）。与 RAMP 数据相比，本研究提取的南极大陆面积和南极海岸线长度分别减少了 0.176% 和 13.329%。但与 MOA 2004 数据相比，本研究提取的南极大陆面积和南极海岸线长度分别增加了 0.118% 和 17.915%。RAMP 数据有 557 个岛屿，而本研究数据中包含 1 195 个岛屿。这些比较表明，RAMP、MOA 2004 与本研究之间有很大的差异，这里列出以下几个原因。首先，3 种产品的数据源影像获取日期不同。RAMP 数据获取时间为 1997 年 9—10 月，而本研究所用数据大多是在 1999—2003 年的 11 月至翌年 2 月获得的。MOA 2004 数据的获取时间为 2003 年 11 月到 2004 年 2 月。其次，3 种产品所用影像的空间分辨率变化很大。Radarsat–1 SAR 数据、Landsat ETM+ 融合数据和 MOA 2004 数据的空间分辨率分别为 25 m、15 m 和 125 m[117]。这就意味着在同一地点用基于空间分辨率不同的影像就会得到 3 种不同的地表覆盖分类结果。这是不同产品结果发生很大差异的一个重要原因。再次，基于 3 种数据提取地表覆盖类型的方法也不同，这会导致不同的分类结果。最后，也是最重要的一点，南极地区在过去 20 年经历了许多变化。2002 年南极半岛拉森 B 冰架的崩塌就是一个典型的例子。南极大陆的面积在 2002 年减小了约 3 250 km^2，在 1998—2002 年期间减小了 5 700 km^2，这是由于该区域的气候要素（大气、海洋）出现了明显变暖（http://nsidc.org/news/newsroom/larsen_B/2002.html）。另外，南极其他冰架也发生了变化[165]。这些事件共同导致了南极海岸线长度和南极大陆面积的变化。

6.5　结论

本研究提出的 LCCSA 系统是一个基于冰川地貌学、南极冰川、冰冻圈遥感，以及 SCAR 数据库的综合系统。利用 Landsat-7 ETM+ 数据和 MODIS 数据可以对蓝冰、裸岩、粒雪 3 种地表覆盖类型进行解译。当利用其他卫星数据进行南极地表覆盖类型解译时，LCCSA 系统可以作为其参考数据集。为了更好地描述南极地表覆盖类型的空间分布，本研究以 LCCSA 系统为基础提取了地表覆盖数据。这是第一个仅基于 ETM+ 数据和 MODIS 数据提取的南极地表覆盖数据集。该数据集可服务于能量平衡研究和气候模拟。数据集的总体精度为 92.3%，Kappa 系数为 0.836。同时将本研究数据集与其他现有数据集进行比较后，结果表明本研究生成的数据产品的准确性更高。

在未来，LCCSA 系统可根据冰川研究及气候模拟领域的各种实际应用进行进一步更新升级。基于 1999—2003 年的 11 月至翌年 2 月获取的卫星数据所提取的地表覆盖数据只能代表该时间序列内的地表覆盖。若要对数据集进行修改或更新，需要更多其他时间序列的数据。2013 年 2 月，搭载了陆地成像仪传感器和热红外传感器的 Landsat-8 卫星成功发射，为建立全新的地表覆盖数据集提供了重要机遇。

第 7 章
极地遥感制图展望

7.1 结论

南极洲是地球上环境最为恶劣的地区之一，难以实现常规的观测和科学考察。遥感技术连续、大范围、实时的优势使其成为研究南极环境的重要手段。利用遥感数据制图可以获取南极地区冰盖、冰流、冰架、冰山等的信息，为南极的环境研究提供重要的信息。本研究通过南极洲高分辨率的遥感制图，得出以下几个主要结论。

1 080 景 Landsat-7 ETM+ 数据经过 DN 值饱和溢出调整、辐射校正、太阳高度角计算、日地距离计算、非朗伯体调整等关键技术处理，将 DN 值转化为反射率数据，以 16 bit 进行存储。利用 Gram-Schmidt 光谱锐化方法对 30 m 与 15 m 的反射率数据进行了融合与镶嵌，得到了南极洲 15 m 分辨率的镶嵌图。与美国的 LIMA 数据相比，本研究数据处理过程更加完善，数据的纹理与表面特征更加清晰，在目视效果、信息量和分类精度上均有所提高。

地表覆盖是地球表面重要的物理属性。南极地区独特的环境与目前已有的用于指导土地资源利用与管理方面的地表覆盖分类体系不符。本研究通过调研，综合考虑了南极宏观地表形态、狭义的地表覆盖类型、冰盖与冰架的表面物质形态及其对能量物质平衡和冰川运动的重要指示作用、冰雪表层形态对南极冰川动力学研究的重要指导意义等，确定了南极地区地表覆盖分类体系为 6 大类：粒雪、蓝冰、裂隙、裸岩、冰碛和水体。这个分类体系主要以冰川地质学、冰川物理学、南极冰川学和冰冻圈遥感理论为基础，结合南极的信息资料，广泛地收集南极土地分类体系，考虑南极地区的特殊情况，分类体系具有较大的综合性和包容性，对于其他各类研究具有重要的参考价值。在此基础上，对 ETM+ 15 m 分辨率的遥感数据进行解译分类，获取的南极海岸线长 $3.926\ 6 \times 10^4$ km，海岸线所包围面积为 $1\ 362.291\ 5 \times 10^4$ km^2；面积大于 1.5×10^4 m^2 的岛屿 1 169 个，总面积为 $2.175\ 1 \times 10^4$ km^2。裸岩、蓝冰和粒雪的面积和百分比分别为 73 268.81 km^2（0.537%）、225 937.26 km^2（1.656%）和 13 345 460.41 km^2（97.807%）。

冰架作为南极洲变化最敏感的地区之一，是气候变化的重要指示器。本研究采用 ENVISAT-ASAR 的 WSM 观测模式数据，对 C-28 冰山在 2010 年内的活动进行了监测，同时收集其他历史数据与 2008 年、2009 年的南极洲 ASAR-WSM 获取的两期海岸线进行了比较分析，从面积来看整个南极洲冰架变化不大，但从空间分布来看西南极冰架崩解消融得多，东南极冰架扩张得多。

7.2　展望

当然，本研究工作仅仅是对某个时期的南极洲遥感制图进行了分析研究，今后还有许多工作需要进一步地深入，笔者认为可以分为以下几个方面。

（1）将国产遥感数据应用于极区研究：本研究使用的是美国的 Landsat-7 ETM+ 数据进行镶嵌制图。我国已经发射了中巴地球资源卫星（CEBRS）、"环境一号"卫星、"北京一号"卫星等一系列环境卫星，具有了对极区的观测能力，今后还需进一步拓展我国自有遥感卫星在南极研究的能力。

（2）南极洲地表分类体系完善：本研究建立的分类体系综合考虑了各种因素，但该体系尚未得到国际学术界的认可，因此，需要与世界其他研究机构交流，寻求进一步的完善。

（3）不同时期的土地覆盖制图：本研究仅对 1999—2003 年间的南极地区进行了土地覆盖制图。最近 10 年以来，全球环境发生了很大的变化，而南极的变化是什么？则需要通过进一步的制图来进行研究，同时阐明变化区域的时空分布和原因。

（4）冰架监测的连续性：本研究仅仅对 4 个时期的海岸线进行了分析，这是不足的。冰架的变化应该长时间序列的进行，尤其是在监测冰架变化的同时，如何监测冰山的时空变化，也是值得深入研究的问题。

参 考 文 献

[1] Wilford J N. The Mapmakers: The Story of the Great Pioneers in Cartography-from Antiquity to the Space Age[M]. New York: Vintage Books, 1981.

[2] Zuber M A. The armchair discovery of the unknown southern continent: gerardus mercator, philosophical pretensions and a competitive trade[J]. Early Science and Medicine, 2011, 16(6): 505-541.

[3] Rainaud A. Le Continent Austral: Hypothèses et Découvertes[M]. Paris: A. Colin, 1893.

[4] Mercator G, Hondius J, Montanus P. Gerardi Mercatoris Atlas Sive Cosmographicae Meditationes De Fabrica Mundi et Fabricati Figura[M]. Amsterodami: Sumptibus et typis aeneis Ludoci Hondij, 1609.

[5] Old maps of Queen Maud Land[Z/OL]. [2019-08-10]. http://www.oldmapsonline.org/en/Queen_Maud_Land#bbox=-163.35763499999996,-79.994882,159.87963920423726,-67.654135&q=&date_from=0&date_to=9999&scale_from=&scale_to=.

[6] Australian Antarctic Division: Leading Australia's Antarctic Program[Z/OL]. [2019-08-10]. http://www.antarctica.gov.au/about-antarctica/history/transportation/aviation.

[7] Antarctic Aerial Exploration[Z/OL]. [2019-08-10]. http://www.century-of-flight.net/Aviation%20history/pathfinders/Antarctic%20Aerial%20Exploration.htm.

[8] Antarctic Single Frame Records[Z/OL]. [2019-08-10]. https://lta.cr.usgs.gov/Antarctica_Single_Frame_Records.

[9] Maps & Cartographic resources: Antarctica - photos & aerial photography[Z/OL]. [2019-08-10]. http://researchguides.library.syr.edu/c.php?g=258096&p=1723711.

[10] University of Minnesota. Aerial Photography[Z/OL]. [2019-08-10]. https://www.pgc.umn.edu/data/aerial/.

[11] McMurdo Dry Valleys, Antarctica lidar now available[Z/OL]. (2017-08-08) [2019-08-10]. http://www.opentopography.org/news/mcmurdo-dry-valleys-antarctica-lidar-now-available.

[12] Glasser N F, Scambos T A. A structural glaciological analysis of the 2002 Larsen B ice-shelf collapse[J]. Journal of Glaciology, 2008, 54(184): 3-16.

[13] Glasser N F, Scambos T A, Bohlander J, et al. From ice-shelf tributary to tidewater glacier: continued rapid recession, acceleration and thinning of Röhss Glacier following the 1995 collapse of the Prince Gustav Ice Shelf, Antarctic Peninsula[J]. Journal of Glaciology, 2011, 57(203): 397-406.

[14] Holt T, Glasser N, Quincey D, et al. Speedup and fracturing of George Ⅵ Ice Shelf, Antarctic Peninsula[J]. The Cryosphere, 2013, 7(3): 797-816.

[15] Holt T, Glasser N, Quincey D. The structural glaciology of southwest Antarctic Peninsula Ice Shelves (ca. 2010)[J]. Journal of Maps, 2013, 9(4): 523-531.

[16] Berthier E, Schiefer E, Clarke G K C, et al. Contribution of Alaskan glaciers to sea-level rise derived from satellite imagery[J]. Nature Geoscience, 2010, 3(2): 92-95.

[17] Pritchard H D, Arthern R J, Vaughan D G, et al. Extensive dynamic thinning on the margins of the Greenland and Antarctic ice sheets[J]. Nature, 2009, 461(7266): 971-975.

[18] Stokes C R, Spagnolo M, Clark C D, et al. Formation of mega-scale glacial lineations on the Dubawnt Lake Ice Stream bed: 1. size, shape and spacing from a large remote sensing dataset[J]. Quaternary Science Reviews, 2013, 77: 190-209.

[19] Bargagli R. Trace metals in Antarctica related to climate change and increasing human impact[J]. Reviews of Environmental Contamination and Toxicology, 2000, 166: 129-173.

[20] 陈玉刚, 王婉潞. 试析中国的南极利益与权益 [J]. 吉林大学社会科学学报, 2016, 56(4): 95-105.

[21] Merson R H. An AVHRR mosaic image of Antarctica[J]. International Journal of Remote Sensing, 1989, 10(4/5): 669-674.

[22] Ferrigno J G, Mullins J L, Stapleton J A, et al. Satellite Image Map of Antarctica, 1996. IMAP 2560[R]. Reston: US Geological Survey, 1996.

[23] Jezek K C, Sohn H G, Noltimier K F. The RADARSAT Antarctic mapping project[C]//Sensing and Managing the Environment. 1998 IEEE International Geoscience and Remote Sensing. Seattle, WA, USA: IEEE, 1998: 2462-2464.

[24] Bohlander J A, Scambos T, Haran T M. A new MODIS Mosaic of Antarctica: MOA-2009[C]// AGU Fall Meeting Abstracts. AGU, 2009.

[25] Haran T M, Scambos T A, Bohlander J A. Updated MODIS-derived ice sheet data sets for Antarctica and Greenland: MOA 2009, MOG 2010 mosaics and products[C]//AGU Fall Meeting Abstracts. AGU, 2011.

[26] Bindschadler R, Vornberger P, Fleming A, et al. The Landsat image mosaic of Antarctica[J]. Remote Sensing of Environment, 2008, 112(12): 4214-4226.

[27] Schwaller M R, Southwell C J, Emmerson L M. Continental-scale mapping of Adélie penguin colonies from Landsat imagery[J]. Remote Sensing of Environment, 2013, 139: 353-364.

[28] Short N H, Gray A L. Potential for RADARSAT-2 interferometry: glacier monitoring using speckle tracking[J]. Canadian Journal of Remote Sensing, 2004, 30(4): 504-509.

[29] Mouginot J, Scheuchl B, Rignot E. Mapping of ice motion in Antarctica using synthetic-aperture radar data[J]. Remote Sensing, 2012, 4(9): 2753-2767.

[30] Rignot E. Changes in West Antarctic ice stream dynamics observed with ALOS PALSAR data[J]. Geophysical Research Letters, 2008, 35(12): L12505.

[31] Tian X, Liao M S, Zhou C X, et al. Detecting ice motion in grove mountains, east antarctica with ALOS/PALSAR and ENVISAT/ASAR data[C]//Proceedings of 'Fringe 2011 Workshop'. Frascati, Italy, 2012.

[32] LIMA[Z/OL]. [2019-08-10]. https://lima. usgs. gov/access. php.

[33] Lillesand T M, Kiefer R W. Remote Sensing and Image Interpretation[M]. 3rd ed. Chichester: Wiley, 1994.

[34] Hui F M, Cheng X, Liu Y, et al. An improved Landsat image mosaic of Antarctica[J]. Science China Earth Sciences, 2013, 56(1): 1-12.

[35] Hui F M, Kang J, Liu Y, et al. AntarcticaLC2000: the new Antarctic land cover database for the year 2000[J]. Science China Earth Sciences, 2017, 60(4): 686-696.

[36] Liu Y, Cheng X, Hui F M, et al. Antarctic iceberg calving monitoring based on EnviSat ASAR images[J]. Journal of Remote Sensing, 2013, 17(3): 479-494.

[37] Hui F M, Ci T Y, Cheng X, et al. Mapping blue-ice areas in Antarctica using ETM+ and MODIS data[J]. Annals of Glaciology, 2014, 55(66): 129-137.

[38] Hui F, Cheng X, Liu Y, et al. Mapping Antarctica Using China's HJ-1A/B Small Satellites Data--a Preliminary Result[C]//AGU Fall Meeting Abstracts. AGU, 2010.

[39] NASA. Landsat Science[Z/OL].[2019-08-10]. https://landsat.gsfc.nasa.gov/landsat-7/landsat-7-etm-bands, https://landsat.gsfc.nasa.gov/landsat-8/landsat-8-bands.

[40] Landsat 9 Mission Details[Z/OL]. [2019-08-10]. https://landsat.gsfc.nasa.gov/landsat-9/landsat-9-mission-details/.

[41] Loveland T R, Dwyer J L. Landsat: building a strong future[J]. Remote Sensing of Environment, 2012, 122: 22-29.

[42] Williams R S Jr, Ferrigno J G. Satellite Image Atlas of Glaciers of the World. Washington, DC: US Government Printing Office, 1993.

[43] Markham B L, Helder D L. Forty-year calibrated record of earth-reflected radiance from Landsat: a review[J]. Remote Sensing of Environment, 2012, 122: 30-40.

[44] ESA's Optical High-Resolution Mission for GMES Operational Services[Z/OL]. [2019-08-10]. https://sentinel.esa.int/documents/247904/349490/S2_SP-1322_2.pdf.

[45] MultiSpectral Instrument (MSI) Overview[Z/OL]. [2019-08-10]. https://sentinel.esa.int/web/sentinel/technical-guides/sentinel-2-msi/msi-instrument.

[46] Kääb A, Winsvold S H, Altena B, et al. Glacier remote sensing using Sentinel-2. Part I: Radiometric and geometric performance, and application to ice velocity[J]. Remote Sensing, 2016, 8(7): 598.

[47] Pope A, Rees W G, Fox A J, et al. Open access data in polar and cryospheric remote sensing[J]. Remote Sensing, 2014, 6(7): 6183-6220.

[48] TSX (TerraSAR-X) Mission[Z/OL]. [2019-08-10]. https://directory.eoportal.org/web/eoportal/
      satellite-missions/t/terrasar-x.

[49] COSMO-SkyMed[Z/OL]. [2019-08-10]. https://directory.eoportal.org/web/eoportal/satellite-
      missions/c-missions/cosmo-skymed.

[50] RADARSAT-2[Z/OL]. [2019-08-10]. https://directory.eoportal.org/web/eoportal/satellite-
      missions/r/radarsat-2.

[51] TDX[Z/OL]. [2019-08-10]. https://directory.eoportal.org/web/eoportal/satellite-missions/t/
      tandem-x.

[52] Thain C, Barstow R, Wong T. Sentinel-1 Product Specification[Z]. MDA Document, 2011.

[53] 欧阳伦曦 , 李新情 , 惠凤鸣 , 等 . 哨兵卫星 Sentinel-1A 数据特性及应用潜力分析 [J]. 极地
      研究 , 2017, 29(2): 286-295.

[54] Hollands T, Dierking W. Potential for the combination of multifequency SAR acquisitions and
      optical data for polynia research[C]//36th International Symposium on Remote Sensing of
      Environment. Berlin, Germany, 2015.

[55] Nagler T, Rott H, Hetzenecker M, et al. The Sentinel-1 mission: new opportunities for ice sheet
      observations[J]. Remote Sensing, 2015, 7(7): 9371-9389.

[56] Pedersen L T, Saldo R, Fenger-Nielsen R. Sentinel-1 results: sea ice operational
      monitoring[C]//2015 IEEE International Geoscience and Remote Sensing Symposium. Milan,
      Italy: IEEE, 2015: 2828-2831.

[57] ALOS-2[Z/OL]. [2019-08-10]. https://directory.eoportal.org/web/eoportal/satellite-missions/a/
      alos-2.

[58] Gaofen-3[Z/OL]. [2019-08-10]. http://www.gisat.cz/content/en/satellite-data/supplied-data/data-
      selection/satelite/gaofen-3.

[59] 曾韬 , 刘建强 , 袁新哲 , 等 . 高分三号用于第 33 次南极考察雪龙号冰区作业 [J]. 卫星应用 ,
      2017(5): 51-53.

[60] Landsat-1 to Landsat-3[Z/OL]. [2019-08-10]. https://directory.eoportal.org/web/eoportal/
      satellite-missions/l/landsat-1-3.

[61] Seehaus T, Cook A J, Silva A B, et al. Changes in glacier dynamics in the northern Antarctic
      Peninsula since 1985[J]. The Cryosphere, 2018, 12: 577-594.

[62] ASAR[Z/OL]. [2019-08-10]. https://earth.esa.int/web/sppa/mission-performance/esa-missions/
      envisat/asar/sensor-description.

[63] Miranda N, Rosich B, Meadows P J, et al. The ENVISAT ASAR mission: a look back at 10
      years of operation[C]//Proceedings of ESA Living Planet Symposium. Edinburgh, Scotland,
      2013.

[64] ASAR Product Handbook[Z/OL]. [2019-08-10]. https://earth.esa.int/pub/ESA_DOC/ENVISAT/

ASAR/asar. ProductHandbook. 2_2. pdf.

[65] Rignot E, Mouginot J, Scheuchl B. Ice flow of the Antarctic ice sheet[J]. Science, 2011, 333(6048): 1427-1430.

[66] Gudmundsson G H, De Rydt J, Nagler T. Five decades of strong temporal variability in the flow of Brunt Ice Shelf, Antarctica[J]. Journal of Glaciology, 2017, 63(237): 164-175.

[67] Jezek, Kenneth C. The RADARSAT-1 Antarctic Mapping Project[J].BPRC Report, 2008, 22.

[68] Smith B D, Engelhardt B E, Mutz D H, et al. Automated planning for the Modified Antarctic Mapping Mission[C]//2001 IEEE Aerospace Conference Proceedings. Big Sky, MT, USA: IEEE, 2001: 1/151-1/158.

[69] Kramer H J. ALOS (Advanced Land Observing Satellite)/Daichi[Z/OL]. [2019-08-10]. https://directory.eoportal.org/web/eoportal/satellite-missions/a/alos.

[70] Schutz B E. Laser altimetry and lidar from ICESat/GLAS[C]//IEEE 2001 International Geoscience and Remote Sensing Symposium. Sydney, NSW, Australia: IEEE, 2001: 1016-1019.

[71] Warren S G. Optical properties of snow[J]. Reviews of Geophysics, 1982, 20(1): 67-89.

[72] Dozier J, Painter T H. Multispectral and hyperspectral remote sensing of alpine snow properties[J]. Annual Review of Earth and Planetary Sciences, 2004, 32: 465-494.

[73] Chander G, Markham B L, Helder D L. Summary of current radiometric calibration coefficients for Landsat MSS, TM, ETM+, and EO-1 ALI sensors[J]. Remote Sensing of Environment, 2009, 113(5): 893-903.

[74] Grenfell T C, Warren S G, Mullen P C. Reflection of solar radiation by the Antarctic snow surface at ultraviolet, visible, and near-infrared wavelengths[J]. Journal of Geophysical Research: Atmospheres, 1994, 99(D9): 18669-18684.

[75] Masonis S J, Warren S G. Gain of the AVHRR visible channel as tracked using bidirectional reflectance of Antarctic and Greenland snow[J]. International Journal of Remote Sensing, 2001, 22(8): 1495-1520.

[76] Laben C A, Brower B V. Process for enhancing the spatial resolution of multispectral imagery using pan-sharpening[P]. United States Patent 6011875, 2000-01-04.

[77] Bintanja R. On the glaciological, meteorological, and climatological significance of Antarctic blue ice areas[J]. Reviews of Geophysics, 1999, 37(3): 337-359.

[78] Winther J G, Jespersen M N, Liston G E. Blue-ice areas in Antarctica derived from NOAA AVHRR satellite data[J]. Journal of Glaciology, 2001, 47(157): 325-334.

[79] Moore J C, Nishio F, Fujita S, et al. Interpreting ancient ice in a shallow ice core from the South Yamato (Antarctica) blue ice area using flow modeling and compositional matching to deep ice cores[J]. Journal of Geophysical Research: Atmospheres, 2006, 111(D16): D16302.

[80] Sinisalo A, Grinsted A, Moore J C, et al. Inferences from stable water isotopes on the Holocene

evolution of Scharffenbergbotnen blue-ice area, East Antarctica[J]. Journal of Glaciology, 2007, 53(182): 427-434.

[81] Ackert R P Jr, Mukhopadhyay S, Pollard D, et al. West Antarctic Ice Sheet elevations in the Ohio Range: geologic constraints and ice sheet modeling prior to the last highstand[J]. Earth and Planetary Science Letters, 2011, 307(1/2): 83-93.

[82] Fogwill C J, Hein A S, Bentley M J, et al. Do blue-ice moraines in the Heritage Range show the West Antarctic ice sheet survived the last interglacial?[J]. Palaeogeography, Palaeoclimatology, Palaeoecology, 2012, 335-336: 61-70.

[83] Grinsted A, Moore J, Spikes V B, et al. Dating Antarctic blue ice areas using a novel ice flow model[J]. Geophysical Research Letters, 2003, 30(19): 2005.

[84] Korotkikh E V, Mayewski P A, Handley M J, et al. The last interglacial as represented in the glaciochemical record from Mount Moulton Blue Ice Area, West Antarctica[J]. Quaternary Science Reviews, 2011, 30(15/16): 1940-1947.

[85] Spaulding N E, Spikes V B, Hamilton G S, et al. Ice motion and mass balance at the Allan Hills blue-ice area, Antarctica, with implications for paleoclimate reconstructions[J]. Journal of Glaciology, 2012, 58(208): 399-406.

[86] Warren S G, Brandt R E. Comment on "Snowball Earth: A thin-ice solution with flowing sea glaciers" by David Pollard and James F. Kasting[J]. Journal of Geophysical Research: Oceans, 2006, 111(C9): C09016.

[87] Bintanja R, Jonsson S, Knap W H. The annual cycle of the surface energy balance of Antarctic blue ice[J]. Journal of Geophysical Research: Atmospheres, 1997, 102(D2): 1867-1881.

[88] Bintanja R, Van Den Broeke M R. The surface energy balance of Antarctic snow and blue ice[J]. Journal of Applied Meteorology, 1995, 34: 902-926.

[89] King J C, Turner J. Antarctic Meteorology and Climatology[M]. Cambridge, UK: Cambridge University Press, 1997.

[90] Liston G E, Bruland O, Winther J G, et al. Meltwater production in Antarctic blue-ice areas: sensitivity to changes in atmospheric forcing[J]. Polar Research, 1999, 18(2): 283-290.

[91] Reijmer C H, Bintanja R, Greuell W. Surface albedo measurements over snow and blue ice in thematic mapper bands 2 and 4 in Dronning Maud Land, Antarctica[J]. Journal of Geophysical Research: Atmospheres, 2001, 106(D9): 9661-9672.

[92] Warren S G, Brandt R E, Grenfell T C, et al. Snowball Earth: ice thickness on the tropical ocean[J]. Journal of Geophysical Research: Oceans, 2002, 107(C10): 3167.

[93] Weller G. Spatial and temporal variations in the south polar surface energy balance[J]. Monthly Weather Review, 1980, 108(12): 2006-2014.

[94] Bintanja R. Surface heat budget of Antarctic snow and blue ice: Interpretation of spatial and

Antarctica map logo

temporal variability[J]. Journal of Geophysical Research: Atmospheres, 2000, 105(D19): 24387-24407.

[95] Bintanja R, Van den Broeke M R. Local climate, circulation and surface-energy balance of an Antarctic blue-ice area[J]. Annals of Glaciology, 1994, 20: 160-168.

[96] Rasmus K, Beckmann A. The impact of global change on low-elevation blue-ice areas in Antarctica: a thermo-hydrodynamic modelling study[J]. Annals of Glaciology, 2007, 46: 50-54.

[97] van den Broeke M R, Bintanja R. Summertime atmospheric circulation in the vicinity of a blue ice area in Queen Maud Land, Antarctica[J]. Boundary-Layer Meteorology, 1995, 72(4): 411-438.

[98] Bintanja R, Reijmer C H. Meteorological conditions over Antarctic blue-ice areas and their influence on the local surface mass balance[J]. Journal of Glaciology, 2001, 47(156): 37-50.

[99] Brown I C, Scambos T A. Satellite monitoring of blue-ice extent near Byrd Glacier, Antarctica[J]. Annals of Glaciology, 2004, 39: 223-230.

[100] Genthon C, Lardeux P, Krinner G. The surface accumulation and ablation of a coastal blue-ice area near Cap Prudhomme, Terre Adélie, Antarctica[J]. Journal of Glaciology, 2007, 53(183): 635-645.

[101] Gorodetskaya I V, Van Lipzig N P M, Van den Broeke M R, et al. Meteorological regimes and accumulation patterns at Utsteinen, Dronning Maud Land, East Antarctica: Analysis of two contrasting years[J]. Journal of Geophysical Research: Atmospheres, 2013, 118(4): 1700-1715.

[102] Jonsson S. Local climate and mass balance of a blue-ice area in western Dronning Maud Land, Antarctica[J]. Zeitschrift für Gletscherkunde und Glaciologie, 1990, 26: 11-29.

[103] Liston G E, Winther J G, Bruland O, et al. Snow and blue-ice distribution patterns on the coastal Antarctic ice sheet[J]. Antarctic Science, 2000, 12(1): 69-79.

[104] Orheim O, Lucchitta B. Investigating climate change by digital analysis of blue ice extent on satellite images of Antarctica[J]. Annals of Glaciology, 1990, 14: 211-215.

[105] Winther J G, Elvehøy H, Bøggild C E, et al. Melting, runoff and the formation of frozen lakes in a mixed snow and blue-ice field in Dronning Maud Land, Antarctica[J]. Journal of Glaciology, 1996, 42(141): 271-278.

[106] Benoit P H. Meteorites as surface exposure time markers on the blue ice fields of Antarctica: episodic ice flow in Victoria Land over the last 300, 000 years[J]. Quaternary Science Reviews, 1995, 14(5): 531-540.

[107] Delisle G, Sievers J. Sub-ice topography and meteorite finds near the Allan Hills and the Near Western Ice Field, Victoria Land, Antarctica[J]. Journal of Geophysical Research: Planets, 1991, 96(E1): 15577-15587.

[108] Folco L, Welten K C, Jull A J T, et al. Meteorites constrain the age of Antarctic ice at the

Frontier Mountain blue ice field (northern Victoria Land)[J]. Earth and Planetary Science Letters, 2006, 248(1/2): 209-216.

[109] Harvey R. The origin and significance of Antarctic meteorites[J]. Geochemistry, 2003, 63(2): 93-147.

[110] Koeberl C. Iridium enrichment in volcanic dust from blue ice fields, Antarctica, and possible relevance to the K/T boundary event[J]. Earth and Planetary Science Letters, 1989, 92(3/4): 317-322.

[111] Maurette M, Olinger C, Michel-Levy M C, et al. A collection of diverse micrometeorites recovered from 100 tonnes of Antarctic blue ice[J]. Nature, 1991, 351(6321): 44-47.

[112] Mellor M, Swithinbank C. Airfields on Antarctic glacier ice[R]. CRREL Report 89-21, 1989.

[113] Sinisalo A, Moore J C. Antarctic blue ice areas-towards extracting palaeoclimate information[J]. Antarctic Science, 2010, 22(2): 99-115.

[114] Swithinbank C. Potential airfield sites in Antarctica for wheeled aircraft[R]. Special Report 91-24, 1991.

[115] Bronge L B, Bronge C. Ice and snow-type classification in the Vestfold Hills, East Antarctica, using Landsat-TM data and ground radiometer measurements[J]. International Journal of Remote Sensing, 1999, 20(2): 225-240.

[116] Liu H X, Wang L, Jezek K C. Automated delineation of dry and melt snow zones in Antarctica using active and passive microwave observations from space[J]. IEEE Transactions on Geoscience and Remote Sensing, 2006, 44(8): 2152-2163.

[117] Scambos T A, Haran T M, Fahnestock M A, et al. MODIS-based Mosaic of Antarctica (MOA) data sets: continent-wide surface morphology and snow grain size[J]. Remote Sensing of Environment, 2007, 111(2/3): 242-257.

[118] 鄂栋臣, 张辛, 王泽民, 等. 利用卫星影像进行南极格罗夫山蓝冰变化监测 [J]. 武汉大学学报 (信息科学版), 2011, 36(9): 1009-1011.

[119] Yu J, Liu H X, Wang L, et al. Blue ice areas and their topographical properties in the Lambert glacier, Amery Iceshelf system using Landsat ETM+, ICESat laser altimetry and ASTER GDEM data[J]. Antarctic Science, 2012, 24(1): 95-110.

[120] Dozier J. Spectral signature of alpine snow cover from the Landsat Thematic Mapper[J]. Remote Sensing of Environment, 1989, 28: 9-22.

[121] Fily M, Bourdelles B, Dedieu J P, et al. Comparison of in situ and Landsat Thematic Mapper derived snow grain characteristics in the Alps[J]. Remote Sensing of Environment, 1997, 59(3): 452-460.

[122] Li W, Stamnes K, Chen B Q, et al. Snow grain size retrieved from near-infrared radiances at multiple wavelengths[J]. Geophysical Research Letters, 2001, 28(9): 1699-1702.

[123] Nolin A W, Dozier J. A hyperspectral method for remotely sensing the grain size of snow[J]. Remote sensing of Environment, 2000, 74(2): 207-216.

[124] Scambos T A, Frezzotti M, Haran T, et al. Extent of low-accumulation 'wind glaze' areas on the East Antarctic plateau: implications for continental ice mass balance[J]. Journal of Glaciology, 2012, 58(210): 633-647.

[125] Koren H. Snow grain size from satellite images. 2009.（未找到本条文献信息）

[126] Winther J G. Spectral bi-directional reflectance of snow and glacier ice measured in Dronning Maud Land, Antarctica[J]. Annals of Glaciology, 1994, 20: 1-5.

[127] Bamber J L, Gomez-Dans J L, Griggs J A. Antarctic 1 km digital elevation model (DEM) from combined ERS-1 radar and ICESat laser satellite altimetry[Z]. National Snow and Ice Data Center, Boulder, 2009.

[128] Ligtenberg S, Lenaerts J, van den Broeke M, et al. Blue ice areas formed by an interplay between ice velocity and SMB[C]//EGU General Assembly Conference. Vienna, Austria: EGU, 2013.

[129] Vaughan D G, Bamber J L, Giovinetto M, et al. Reassessment of net surface mass balance in Antarctica[J]. Journal of Climate, 1999, 12: 933-946.

[130] Hall A. The role of surface albedo feedback in climate[J]. Journal of Climate, 200417: 1550-1568.

[131] Wuttke S, Seckmeyer G, Konig-Langlo G. Measurements of spectral snow albedo at Neumayer, Antarctica[J]. Ann Geophys, 2006, 24: 7-21.

[132] Loveland T, Reed B, Brown J, et al. Development of a global land cover characteristics database and IGBP DISCover from 1 km AVHRR data[J]. Int J Remote Sens, 2000, 21: 1303-1330.

[133] Morgan F, Barker G, Briggs C, et al. Environmental Domains of Antarctica Version 2.0 Final Report. 2007.

[134] Yang J C, Li Y L. Geomorphology theory (IN CHINESE)[M]. Beijing：Peking University Press, 2001.

[135] Barnett T, Dümenil L, SchleseU,et al. The effect of Eurasian snow cover on regional and global climate variations[J]. J AtmosSci, 1989, 46: 661-686.

[136] Marshall S, Oglesby R J, Nolin A W. Effect of western US snow cover on climate[J]. Ann Glaciol, 2001, 32: 82-86.

[137] Reijmer C H, Oerlemans J. Temporal and spatial variability of the surface energy balance in Dronning Maud Land, East Antarctica[J]. J Geophys Res, 2002, 107: 4759.

[138] Mitrovica J X, Tamisiea M E, Davis J L, et al. Recent mass balance of polar ice sheets inferred from patterns of global sea-level change[J]. Nature, 2001, 409: 1026-1029.

[139] Meier M F, Dyurgerov M B, Rick U K, et al. Glaciers dominate eustatic sea-level rise in the 21st century[J]. Science, 2007, 317: 1064-1067.

[140] Massom R, Lubin D. Polar remote sensing volume Ⅱ: Ice sheets[M]. Chichester/Berlin: Praxis/Springer, 2006.

[141] Curzio P, Folco L, Ada Laurenzi M, et al. A tephra chronostratigraphic framework for the Frontier Mountain blue-ice field (northern Victoria Land, Antarctica)[J]. QuatSci Rev, 2008, 27: 602-620.

[142] Williams R S, Meunier T K, Ferrigno J G. Blue ice, meteorites and satellite imagery in Antarctica[J]. Polar Rec, 1983, 21: 493-496.

[143] Zhao Y, Liu X, Song B, et al. Constraints on the stratigraphic age of metasedimentaryrocks from the Larsemann Hills, East Antarctica: possible implications for Neoproterozoictectonics[J]. Precambrian Res, 1995, 75: 175-188.

[144] Anderson J R, Hardy E E, Roach J T, et al. A land use and land cover classification system for use with remote sensor data. Professional Paper, 1976.

[145] Haran T, Bohlander J, Scambos T, et al. MODIS Mosaic of Antarctica image map and surface snow grain size image[J]. National Snow and Ice Data Center, catalogue number 280, digital media, 2005.

[146] Li G, Sun J. A preliminary study on the automatic taxonaomy of rock in the Mirror Peninsula of the Larsemann Hills, East Antarctica ,by TM data[J]. Antarct Res (Chinese Edition), 1994, 6: 82-87.

[147] Clinton N, Holt A, Scarborough J, et al. Accuracy assessment measures for object-based image segmentation goodness[J]. Photogramm Eng Remote Sens, 2010, 76: 289-299.

[148] Shackelford A K, Davis C H. A combined fuzzy pixel-based and object-based approach for classification of high-resolution multispectral data over urban areas[J]. IEEE Trans Geosci Remote Sensing, 2003, 41: 2354-2363.

[149] Walter V. Object-based classification of remote sensing data for change detection[J]. ISPRS-J Photogramm Remote Sens, 2004, 58: 225-238.

[150] Yu Q, Gong P, Clinton N, et al. Object-based detailed vegetation classification with airborne high spatial resolution remote sensing imagery[J]. PhotogrammEng Remote Sens, 2006, 72: 799-811.

[151] Gamanya R, De Maeyer P, De Dapper M. An automated satellite image classification design using object-oriented segmentation algorithms: A move towards standardization[J]. Expert SystAppl, 2007, 32: 616-624.

[152] Olofsson P, Foody G M, Herold M, et al. Good practices for estimating area and assessing accuracy of land change[J]. Remote Sens Environ, 2014, 148: 42-57

[153]   Cochran W G. Sampling techniques. 3rd edn[M]. New York : John Wiley & Sons, 1977.

[154]   Liu H, Jezek K C. A complete high-resolution coastline of Antarctica extracted from orthorectifiedRadarsat SAR imagery[J]. PhotogrammEng Remote Sens, 2004, 70: 605-616.

[155]   Gong P, Howarth P J. An assessment of some factors influencing multispectral land-cover classification[J]. PhotogrammEng Remote Sens, 1990, 56: 597-603.

[156]   Foody G M. Status of land cover classification accuracy assessment[J]. Remote Sens Environ, 2002, 80: 185-201.

[157]   Lu D, Weng Q. A survey of image classification methods and techniques for improving classification performance[J]. Int J Remote Sens, 2007, 28: 823-870.

[158]   Hu L, Chen Y, Xu Y, et al. A 30 meter land cover mapping of China with an efficient clustering algorithm CBEST[J]. Sci China Earth Sci, 2014, 57: 2293-2304.

[159]   Liao A, Chen L, Chen J, et al. High-resolution remote sensing mapping of global land water[J]. Sci China Earth Sci, 2014, 57: 2305-2316.

[160]   Yu L, Wang J, Li X, et al. A multi-resolution global land cover dataset through multisource data aggregation[J]. Sci China Earth Sci, 2014, 57: 2317-2329.

[161]   Ran Y, Li X. First comprehensive fine-resolution global land cover map in the world from China&mdash ; Comments on global land cover map at 30-m resolution[J]. Sci China Earth Sci, 2015, 58: 1677.

[162]   Gong P, Wang J, Yu L, et al. Finer resolution observation and monitoring of global land cover: first mapping results with Landsat TM and ETM+ data[J]. Int J Remote Sens, 2013, 34: 2607-2654.

[163]   Morisette J T, Privette J L, Justice C O. A framework for the validation of MODIS land products[J]. Remote Sens Environ, 2002, 83: 77-96.

[164]   Price J C. Comparing MODIS and ETM+ data for regional and global land classification[J]. Remote Sens Environ, 2003, 86: 491-499.

[165]   Liu Y, Moore J C, Cheng X, et al. Ocean-driven thinning enhances iceberg calving and retreat of Antarctic ice shelves[J]. ProcNatlAcadSci USA, 2015, 112: 3263-3268.